编辑委员会名单

中国地方社会科学院学术精品文库·浙江系列

中国地方社会科学院学术精品文库·浙江系列

天地有文

——美学史视野下的先秦文化考释

**Visions at the Dawn of Civilization:
Pre-Qin Culture through the Lens of
Aesthetic Discourse**

● 肖　琦 / 著

社会科学文献出版社
SOCIAL SCIENCES ACADEMIC PRESS (CHINA)

本书由浙江省省级社会科学学术著作

出版资金资助出版

打造精品　勇攀"一流"

《中国地方社会科学院学术精品文库·浙江系列》序

　　光阴荏苒，浙江省社会科学院与社会科学文献出版社合力打造的《中国地方社会科学院学术精品文库·浙江系列》（以下简称《浙江系列》）已经迈上了新的台阶，可谓洋洋大观。从全省范围看，单一科研机构资助本单位科研人员出版学术专著，持续时间之长、出版体量之大，都是首屈一指的。这既凝聚了我院科研人员的心血智慧，也闪烁着社会科学文献出版社同志们的汗水结晶。回首十年，《浙江系列》为我院形成立足浙江、研究浙江的学科建设特色打造了高端的传播平台，为我院走出一条贴近实际、贴近决策的智库建设之路奠定了坚实的学术基础，成为我院多出成果、快出成果的主要载体。

立足浙江、研究浙江是最大的亮点

　　浙江是文献之邦，名家辈出，大师林立，是中国历史文化版图上的巍巍重镇；浙江又是改革开放的排头兵，很多关系全局的新经验、新问题、新办法都源自浙江。从一定程度上说，在不少文化领域，浙江的高度就代表了全国的高度；在不少问题对策上，浙江的经验最终都升华为全国的经验。因此，立足浙江、研究浙江成为我院智库建设和学科建设的一大亮点。《浙江系列》自策划启动之日起，就把为省委、省政府决策服务和研究浙江历史文化作为重中之重。十年来，《浙江系列》涉猎领域包括经济、哲学、社会、文学、历史、法律、政治七大一级学科，覆盖范围不可谓不广；研究对象上至史前时代，下至 21 世纪，跨度不可谓不大。但立足浙江、研究浙江的主线一以贯之，毫不动摇，为繁荣浙江省哲学社会科学事业积累了丰富的学术储备。

贴近实际、贴近决策是最大的特色

学科建设与智库建设双轮驱动，是地方社会科学院的必由之路，打造区域性的思想库与智囊团，是地方社会科学院理性的自我定位。《浙江系列》诞生十年来，推出了一大批关注浙江现实，积极为省委、省政府决策提供参考的力作，主题涉及民营企业发展、市场经济体系与法制建设、土地征收、党内监督、社会分层、流动人口、妇女儿童保护等重点、热点、难点问题。这些研究坚持求真务实的态度、全面历史的视角、扎实可靠的论证，既有细致入微、客观真实的经验观察，也有基于顶层设计和学科理论框架的理性反思，从而为"短、平、快"的智库报告和决策咨询提供了坚实的理论基础和可靠的科学论证，为建设物质富裕、精神富有的现代化浙江贡献了自己的绵薄之力。

多出成果、出好成果是最大的收获

众所周知，著书立说是学者成熟的标志；出版专著，是学者研究成果的阶段性总结，更是学术研究成果传播、转化的最基本形式。进入20 世纪 90 年代以来，我国出现了学术专著出版极端困难的情况，尤其是基础理论著作出版难、青年科研人员出版难的矛盾特别突出。为了缓解这一矛盾和压力，在中共浙江省委宣传部、浙江省财政厅的关心支持下，我院于 2001 年设立了浙江省省级社会科学院优秀学术专著出版专项资金，从 2004 年开始，《浙江系列》成为使用这一出版资助的主渠道。同时，社会科学文献出版社高度重视、精诚协作，为我院科研人员学术专著出版提供了畅通的渠道、严谨专业的编辑力量、权威高效的书稿评审程序，从而加速了科研成果的出版速度。十年来，我院一半左右科研人员都出版了专著，很多青年科研人员入院两三年就拿出了专著，一批专著获得了省政府奖。可以说，《浙江系列》已经成为浙江省社会科学院多出成果、快出成果的重要载体。

打造精品、勇攀"一流"是最大的愿景

2012 年，省委、省政府为我院确立了建设"一流省级社科院"的总体战略目标。今后，我们将坚持"贴近实际、贴近决策、贴近学术前沿"的科研理念，继续坚持智库建设与学科建设"双轮驱动"，加快实施"科研立院、人才兴院、创新强院、开放办院"的发展战略，努力在 2020 年年底总体上进入国内一流省级社会科学院的行列。

根据新形势、新任务，《浙江系列》要在牢牢把握高标准的学术品质不放松的前提下，进一步优化评审程序，突出学术水准第一的评价标准；进一步把好编校质量关，提高出版印刷质量；进一步改革配套激励措施，鼓励科研人员将最好的代表作放在《浙江系列》出版。希望通过上述努力，能够涌现一批在全国学术界有较大影响力的学术精品力作，把《浙江系列》打造成荟萃精品力作的传世丛书。

是为序。

张伟斌

2013 年 10 月

目　录

引 言

中国美学史应该从春秋时期或是更早的时候写起，学界一度存在不同的意见。在《美的历程》（1981）中，李泽厚的叙述起点是旧石器时代，他认为史前的许多所谓"装饰品"意味着初民审美意识的萌芽。近年来，陈望衡、张法、朱志荣、刘成纪等学者均将史前时期纳入中国美学史的范围并取得了丰硕的科研成果。与此不同，叶朗在《中国美学史大纲》的"绪论"中详细说明了他以老子、孔子的美学思想为构建中国美学史之起点的原因："美学是一门理论学科。它并不属于形象思维，而是属于逻辑思维"，"因此我认为美学史就应该研究每个时代的表现为理论形态的审美意识"。[①]

对于两者的分歧，刘成纪指出，中国古代社会长期处于有审美实践而无理论自觉的状态，这使得任何试图在西学东渐前构建系统化中国美学史的尝试都面临学理困境。然而美学学科本身又亟须历史支撑，这就迫使学界不得不调整理论尺度——无论是将美学史的起点定于春秋时期还是史前，本质上都是理论与历史的妥协。"既然现行的

---

① 叶朗：《中国美学史大纲》，上海：上海人民出版社，1985年，第4页。

美学史从总体而言均无法经得起理论的检验，那么将美学史从美的理论史向美的表现史进一步延展也并无错处。"① 他采取以退为进的策略，为建构"远古美学"争取了合法性。

从中华文明的连续性特征来看，叶朗的意见若进一步引申，其实同样会导向"应该将前春秋时期纳入美学史范围"的结论。这是因为，老子、孔子的思想并不是凭空产生的，孔子自己说"吾从周"，又说"周因于殷礼"，"殷因于夏礼"。如果不对前春秋时期的审美意识、美学观念进行考察，我们就无法知道诸子美学思想的源头，对诸子美学思想的研究自然也就很难说是全面而深入的。举例来说，倡导"美""善"统一是孔子美学、先秦儒家美学最重要的内容之一，这早已成为学界的共识，那么，这种观念是孔子最早提出的吗？如果不是，它又是什么时候、如何产生的呢？要回答这类问题，就必须继续往前追溯。事实上，自 20 世纪 90 年代中期以来，相邻学科对于中国早期文明是如何一步步发展到卡尔·西奥多·雅斯贝尔斯（Karl Theodor Jaspers）所谓的"轴心时代"的，一直有着浓厚的兴趣，陈来的《古代宗教与伦理：儒家思想的根源》（1996）、李泽厚的《说巫史传统》（1999）、杨儒宾的《原儒：从帝尧到孔子》（2021）等都选择了这一种研究路径。

时至今日，虽然学界在美学史"起点"的问题上仍然见仁见智，但不可否认的是，一些涵盖前春秋时期的先秦美学史书写已经进入了系统性的整体结构阶段。在此背景下，讨论的重点显然应从"该不该讲"转到"如何讲""讲得对不对"上来。

在中国早期文明研究中，壁垒森严的知识体系对美学研究构成双重挑战：研究者或需援引既有学科范式下的权威阐释作为知识基础，

① 刘成纪：《中国美学史应该从何处写起》，《文艺争鸣》2013 年第 1 期，第 32 页。

继而展开美学维度的理论演绎，或需突破学科边界，对原始材料进行重新勘验。表面观之，前者因依托专业化知识生产体系而更具可靠性和可行性，但在实际操作中，这种做法可能面临三重困境：其一，特定领域的专家往往恪守实证主义研究范式，在文献阙如的情况下严格遵循"存而不论"的学术戒律，导致美学研究者无意见可从；其二，某些关涉美学的关键问题在特定领域存有较大争议，尚未形成权威观点；其三，所谓权威观点并不等于正确的观点。因此，进入其他专业领域，下一番考证的功夫，有些时候也是不得不为之的。

本书便是以考释为旨归的研究。笔者选取了四个问题作为研究对象：一是汉字"美"的本义及其引申路径；二是商代青铜器饕餮纹的原初功能及其嬗递；三是"绝地天通"命题的原始语义；四是孔子对《韶》乐和《武》乐的价值评判标准。这些都是先秦美学以及相关领域研究极为关心的基本问题。

本书有三个目标。

第一，提出更加科学的研究方法。长期以来，部分研究者存在重结论、轻方法的倾向。以甲骨文"美"字的考释为例，诸多研究致力于论证上古先民有戴羽为饰的习俗，试图以此证明"'美'字取象戴羽饰的人，美取义于装饰"这一主流观点。然而，先民有此习俗是一回事，此习俗与甲骨文"美"字是否相关则是另一回事。如果忽视对文字符号本身构形理据的深入分析，仅通过旁证材料进行简单的比附，那么其结论的可靠性自然就让人怀疑。

第二，提出更加接近原初语境的解释。由于缺少足够的文献资料，本书讨论的问题均有较大的阐释空间。这很容易导致研究者脱离具体的历史语境。以对"绝地天通"的阐释为例。该词出自《尚书·吕刑》，亦见于《国语·楚语》，当前的主流观点仅以文本难易程度为依据对分析对象进行取舍，而没有看到"绝地天通"在两个文本中有着不同的含义，又误认为《国语·楚语》中的"绝地天通"是关于早期文明进程的历史知识，而没有意识到原文其实是在讲治国理政的经验教训。

第三，从美学角度大致勾勒中国早期文化的演进轨迹。本书的四个研究对象分处不同的历史阶段："美"字的发明在夏商之际，青铜器饕餮纹鼎盛于商代，"绝地天通"反映的是西周的官方意识形态，《论语》"子谓《韶》"章则承载了春秋时期孔子的美学思想。尽管本书的重点在"考"不在"论"，但笔者的初衷是为了回答诸如此类的问题：审美是何时以及如何从神学（宗教）中独立出来的？审美与伦理是何时以及如何联系在一起的？是否存在一个或若干个能够统摄诸子美学思想的主题？

笔者学力绵薄，自知浅见难成定论，唯期以抛砖之论叩启真知。诚愿方家斧正笔削，笔者当虚襟以俟，伏席以聆。

第一章
"美"字考释

追溯字源以开启一个领域的研究，这样的做法并不新鲜，章太炎的《原儒》、胡适的《说儒》都是从"儒"字讲起的。就受重视的程度而言，"美"字之于中国美学研究可以和"儒"字之于儒学研究相提并论。这里涉及两个层面的问题：第一，"美"字的形与义是如何建立起联系的，更准确地说，"美"这个词和今天所说的美学是如何建立起联系的？第二，"美"字对于了解中国早期文化、建构中国美学史究竟能发挥什么样的作用？

关于第一个问题，学界已经提出多种观点，但若仔细考察"美"字的甲骨文字形和"美"字在早期文献中的用例，便会发现包括"头饰说"在内的既往观点很可能都只是今人观念的投射而已。至于第二个问题，尽管研究者热衷于把"美"字和美学联系在一起，但吊诡的是，两者的关系至今没有得到廓清。综合来看，所谓"字源学"或许从未被正确地应用于美学研究中。本章将尝试梳理"美"字与美学之间的关系，总结过去"美"字字源研究的问题，尝试就"美"字的本义和"美"诸义项的由来提出更科学的解释，重新诠释"美"字和

"美"这个词在中国美学史上的意义。

第一节 "美"字与美学之关系初探

在过去关于"美"字的研究中，研究者似乎总是急于从"美"字的字源中获取"美学的"信息。但问题在于，"美"字的字源一定与美学相关吗？如果不搞清楚这一类的基本问题，那么相关的研究工作从一开始就会面临误入歧途的风险。因此，本节将先对"美"字与美学的关系进行初步的梳理。

美学界之所以格外关心"美"字的字源，大多是想借此勘破一些令人好奇却又无从下手的发生学问题。在20世纪五六十年代的"美学大讨论"中，已有研究者将"美"字的起源和"美"的概念的起源联系在一起。[①] 到了20世纪80年代，随着"美学热"的再度兴起，日本汉学家笠原仲二的《古代中国人的美意识》一书在学界引起了较多关注，他以《说文解字》对"美"字的解释为依据，指出中国人的美意识直接起源于味觉体验。[②] 无独有偶，在初版于1980年8月的《谈美书简》中，已是耄耋之年的朱光潜这样写道："中国的儒家有一句老话：'食、色，性也。''食'就是保持个体生命的经济基础，'色'就是绵延种族生命的男女配合。艺术和美也最先见于食色。汉文

---

① 例如，汪芸石说："'《说文》云：美，从羊从大，羊在六畜中主给膳也，美与善同义，（注）曰：羊大则美，故从大'。从这里我们可以断定'美'的概念在我国最初起源于游牧时代。"又说："在游牧时代，不仅美与善的概念都是羊，而且那时一切属于美这一范畴的字大都从羊。"原载于《安徽日报》1961年12月23日第4版《关于美的原起及其历史本质的探讨》，转引自李稼蓬《美与羊：一个值得商榷的问题》，《江淮论坛》1962年第2期，第71页。

② 笠原仲二：《古代中国人的美意识》，杨若薇译，北京：生活·读书·新知三联书店，1988年，第3页。

'美'字就起于羊羹的味道……"① 笠原仲二试图从"美"字的造字事件中发掘出中国美学的特殊性，而朱光潜则希望用具有本土性的中国材料来说明美学的一般理论。

这种从"美"字的字源见出审美意识（或美的观念）的起源的思路一直影响至今。需要指出的是，部分研究虽在表面上也遵循这一思路，但实际上进行的，则是与"美"字的字源完全无关的理论建构。比如，有学者在讨论甲骨文"美"字与中国人原初审美观念的关系时说："中国人原初审美观念的发生及形成，应该有其相对确切对应的历史时代……我们倾向于把这个时代界定在由战国末上溯至甲骨文最初面世的范围之内。"② 问题在于，从殷墟第一期甲骨文（即武丁时期）到战国末期，前后共经历了一千年左右。打个未必恰当的比方，说甲骨文"美"字反映了战国末期的审美观念，就如同说宋代的文人画反映了当代艺术的审美观念——这显然是不切实际的。更典型的是李泽厚的研究。李泽厚的《华夏美学》以讨论"美"字的字源开篇，但他紧接着说："本书感兴趣的不在字源学（etymology）的考证，而在于统一'羊大则美'、'羊人为美'这两种解释的可能性。因为这统一可以提示一种重要的原始现象，并具有重要的理论意义。"③ 有学者继续发展了李泽厚的观点，指出："虽然在关于中国古代原初审美观念探讨中，'羊大为美'、'羊人为美'和'羊女为美'各执一说，互不相让……但是，我还是主张兼采三说，合立一论。因为中国古代原初审美观念的发生是多元复杂

---

① 朱光潜：《谈美书简》，《朱光潜全集》（新编增订本）第 15 册，北京：中华书局，2013年，第 17 页。

② 倪祥保：《论甲骨文"美"与中国人原初审美观念》，《社会科学战线》2010 年第 6 期，第 25 页。

③ 李泽厚：《华夏美学·美学四讲》（增订本），北京：生活·读书·新知三联书店，2008年，第 6 页。

的，单凭任何一说来作结论，都会显得以偏概全，遮蔽事实。"① 造字的真相只有一个，所谓"综合诸说"实际上也就是彻底抛开"美"字来谈问题了。②

现在的问题是，"美"字的字源真的能反映中国人审美意识（或美的观念）的起源吗？要回答这个问题，也就是要说清楚审美意识、美的观念以及"美"字这三者间的关系。

先说审美意识。有学者指出，"在历史上，审美发生学的研究主要集中于探讨艺术的起源问题"③。正是在这种思维定式下，"艺术起源于劳动"的观点和"艺术起源于巫术"的观点常常被偷梁换柱，以"功利先于审美""巫术先于审美"之类的表述方式出现于审美发生学的研究中。但问题显然没有那么简单。一方面，功利、巫术与审美很可能是并行不悖的"两条平行线"。格罗塞（Ernst Grosse）举过这样的例子："巴布亚（Papuan）人木船船头上的乌头，它的第一目的也许是宗教的象征，但此外也一定有着装饰的第二目的存在。选择装饰的动机固然可以为宗教兴趣所转移，而他的所以和别的类似或不同的动机在一个图样上合拢，则完全受的审美观念的影响。"④ 另一方面，艺术起源与审美起源

---

① 古风：《中国古代原初审美观念新探》，《学术月刊》2008 年第 5 期，第 95 页。
② 还有一些学者将"美"字的字源提到了哲学追问的高度。比如，有学者认为"美"字反映了"中国古代关于美本质的哲学界定"，宣称"探究'美'字的字义，其目的就是要真正弄清楚我们华夏民族是怎样认识美的本原的"，甚至想要"从美学与文字学、音韵学相结合的角度……逐渐拨开尘封已久的美的本质的真相"。但事实上，文字是用来记录语言的，"美"字是用来记录"美"这个词的，它与所谓的哲学思考并没有什么关系。这些学者所进行的其实是另一种目的的理论建构。参见祁志祥《以"味"为"美"：中国古代关于美本质的哲学界定》，《学术月刊》2002 年第 1 期，第 52 页；刘振峰、张彦杰《羊火为美：中国古代审美意识探源》，《文艺争鸣》2010 年第 4 期，第 149 页；马正平《近百年来"美"字本义研究透视》，《哲学动态》2009 年第 12 期，第 88 页。
③ 叶朗主编《现代美学体系》，北京：北京大学出版社，1999 年，第 369 页。
④ 格罗塞：《艺术的起源》，蔡慕晖译，北京：商务印书馆，1984 年，第 19 页。

毕竟不是同一回事，可以作为审美对象的并非只有艺术——在这一类研究中，主要指早期装饰品——它也可以是人本身或其他自然物。我们都有这样的日常经验，即幼童在面对许多大人的时候，总是更喜欢长得漂亮的年轻姑娘，即使他们尚未接受任何审美教育。① 这说明审美意识很有可能是人与生俱来的。陈望衡在《文明前的"文明"：中华史前审美意识研究》一书中写道："审美意识是人类的一种本原性意识，人类并不是为了功利的需要，也不是巫术的需要才去制作那些具有审美意味的艺术品的，其最初的动机就是审美。不是功利抑或是巫术产生了审美，而是在审美之中实现了功利和巫术。"② 艺术起源与功利、巫术的关系或许还有商榷的余地，但其"审美意识是人的本能"的观点应该得到学界重视。总之，人类产生审美意识的年代要远远早于文字发明的年代，"美"字的字源无法回答审美意识的起源问题。

再说美的观念。所谓"美的观念"，是指"清晰的"审美意识。③"清晰的意识是伴随着语言（即口头言语）而产生的。"④ 比如，当一个人开始使用"我"这个词而不是名字或其他词来指称自己的时候，那么便可以说，他已经有了清晰的自我意识。同样的道理，美的观念是伴随着反映审美意识的词的出现而产生的。这个最早的词是什么？它是在何时出现的呢？王力说："汉语的历史是非常悠久的，在汉字未产生以前，远古汉语的词可能还有更原始的意义，但是我们现在已

---

① 参见乔燕冰《陈望衡两卷本〈文明前的"文明"：中华史前审美意识研究〉问世，揭示——审美意识是史前人类诸多意识的摇篮》，《中国艺术报》（副刊）2018 年 5 月 16 日第 8 版。

② 陈望衡：《文明前的"文明"：中华史前审美意识研究》上册，北京：人民出版社，2017 年，第 2 页。

③ 在大多数研究中，研究者对"审美意识"和"美的观念/审美观念"是不做明确区分的。本书的界定虽未必十分全面和准确，但对于厘清关系应该是有裨益的。

④ 邓晓芒：《哲学起步》，北京：商务印书馆，2017 年，第 40、41 页。

经无从考证了。"① 这意味着，上述问题的确切答案很可能已经无从知晓了。事实上，即使退而求其次，想从今天所见的与审美相关的词——我们讨论的"美"只是其中之一——当中找到"最早的那一个"，同样是很难做到的。所以，"美"字的字源也无法回答美的观念的起源问题。

最后说"美"字。"美"字是用来记录"美"这个词的。一般来说，"美"字的本义也就是"美"这个词在造字时的常用意义。许多研究者相信，"美"字的本义一定与审美相关。但甲骨卜辞所见的"美"字并无一例与审美相关，可见这一结论其实是没有任何根据的。这里略举两例以说明问题的复杂性。先举"新"字，其甲骨文作 𣂶。《说文》："新，取木也。从斤，新声。"② 段玉裁："取木者，新之本义。引申之，为凡始基之称。《采芑》传曰：'田一岁曰菑，二岁曰新田'。其一耑也。"③ 周宝宏："本义为以斤劈薪为薪之初文，是可信的，但是商代甲骨文，西周金文，西周文献多用为新旧之新，当为借义，非引申之意。"④ 段玉裁认为"新"的新旧之新的意义是从"新"字的本义引申而来的，周宝宏则认为是假借"新"字来表示新旧之"新"。再举"良"字，其甲骨文作 𣌭。《说文》："良，善也。从富省，亡声。"⑤ 唐兰认为"良"字取象熟食的香气："臭之香者食之良，引

申之为良食之称，更引申之为良善之通义。"① 何金松认为取象长者的人头，引申为某一集团的首领，进一步引申为善。② 林义光认为取象量器，③ 顾廷龙和李孝定也都持这种看法，但顾廷龙引王胜之的观点认为"量物均平，人咸善之，因训善矣"④，李孝定则认为"器名为其本义，良善则借义耳"⑤。此外，徐中舒认为取象走廊（穴居两侧的孔道）⑥，刘桓认为取象鱼梁（拦鱼的水坝）⑦。凡此种种，不一而足。诸家对于"良"字取象的对象及其本义尚不能形成一致的看法，对"良"的良善义究竟是如何得来的自然就更加众说纷纭了。由此观之，如果字形和字（词）义的联系不够明确，那么要判断后者究竟是本义、引申义还是假借用法，并不是一件轻松的事。就"美"字而言，其形义关系并非一目了然，所以我们还不能说"美"字的本义必定与审美相关。

综上所述，"美"字的字源不仅无法回答审美意识的起源问题，而且无法回答美的观念的起源问题，甚至可能与审美没有直接联系。有些研究者以是否与审美相关来判断对"美"字字源的解释正确与否，这就犯了先入为主的错误。

---

① 唐兰：《殷虚文字记》，《唐兰全集》第 6 册，上海：上海古籍出版社，2015 年，第 93、94 页。

② 何金松：《汉字形义考源》，武汉：武汉出版社，1995 年，第 101 页。

③ 林义光：《文源》，上海：中西书局，2012 年，第 87 页。

④ 顾廷龙：《顾廷龙文集》，上海：上海科学技术文献出版社，2002 年，第 373 页。

⑤ 李孝定：《金文诂林读后记》，台北："中研院"历史语言研究所，1982 年，第 217 页。

⑥ 徐中舒主编《甲骨文字典》，成都：四川出版集团·四川辞书出版社，2014 年，第 608 页。

⑦ 李学勤主编《字源》，天津：天津古籍出版社，沈阳：辽宁人民出版社，2012 年，第 479 页。

第二节 "美"字本义旧说及其谬误

时至今日，学界就"美"字的本义已提出多种观点。① 其中，"味美说"是古代的权威观点，"头饰说"是当前的主流观点，"形声说"虽然接受度不高，却也很少受到质疑，而"发式说"则是近来新说的代表。基于这些考虑，本节选取上述四种代表性观点进行详细分析，并尝试在方法论层面做出总结。

（一）"味美说"

在甲骨文被发现之前，人们对"美"字的本义大多信奉《说文解字》的解释。许慎："美，甘也。从羊，从大。羊在六畜，主给膳也。美与善同意。"徐铉等曰："羊大则美，故从大。"② 段玉裁注"甘也"："甘部曰：'美也。'甘者，五味之一，而五味之美皆曰甘。引伸之，凡好皆谓之美。"注"从羊大"："羊大则肥美。"③ 简言之，古人认为"美"字的上部表示羊，下部表示大小之大，整个字形表示肥大的羊，取义于味道好。

对于这一肇自《说文》的经典解释，学界已经提出许多质疑：一是从甲骨文来看，"美"字上部的符号本来不从羊；④ 二是"美"字下

---

① 综述诸说的论文可以参见马正平《近百年来"美"字本义研究透视》，《哲学动态》2009年第12期，第88—97页；王赠怡《"美"字原始意义研究文献概述》，《郑州大学学报》（哲学社会科学版）2014年第3期，第100—103页。近来的新说参见陈敏《双髻、蛾眉与成人："美"字字形演变与本义新考》，《文学评论》2023年第4期，第160—168页；张婷婷《殷墟甲骨文"美"字释义》，《交响：西安音乐学院学报》2019年第3期，第90—94页。

② 许慎撰，徐铉等校定《说文解字》第四上，北京：中华书局，2013年，第73页上栏。

③ 许慎撰，段玉裁注《说文解字注》第四篇上，许惟贤整理，南京：凤凰出版社，2015年，第261页上栏。

④ 笔者对这一条意见并不认同，详情见本章第三节。

部的符号"大"未必表示大小之大，而更可能表示人；三是大与味道好并不存在因果联系；① 四是从早期文献中的用例来看，"美"用作美味义应该是较晚的事。

不过，也有不少研究者为《说文》的观点辩护。

有学者试图从文字学的角度来证明"美"字下部的符号表示大小之大。比如，魏耕原等认为：

> "美"字下部从"大"无疑。"大"虽象"正面的人"，然其义却与"人"无涉。……对于"大"字象人形而没有"人"的含义，王筠就《说文》"大"部对从"大"的字做过详细讨论……裘锡圭先生曾列举过的"大鹿"的例子更能说明这层意思："大"字的表意含义与图形含义完全不同。……因此，把"大"看作是"人"仅仅看到的是其图形意义，而不是字的意

---

① 许多研究者指出"大"和"味道好"没有必然联系。王献唐说："段、王皆谓'羊大则肥美'，其实羔羊尤美。"陈炜湛说："'羊大'就一定'肥美'吗？并不见得。小羊也有肥的，大羊也有瘦的，正如人之有胖娃娃、瘦骨鬼一样，'羊大'与'肥美'何尝有什么必然关系？如果羊大就算美，那么我们造字的祖先对'美'的认识也未免太浮浅、太狭窄了吧！"刘旭光也认为："'羊大则肥美'之说纯属个人喜好，羊大和肥美之间没有必然联系。"参见王献唐《释每美》，台湾大学文学院古文字学研究室编《中国文字》合订本第 9 卷，台北：台湾大学，1961 年，第 3935 页；陈炜湛《古文字趣谈》，上海：上海古籍出版社，2005 年，第 246 页；刘旭光《"美"的字源学研究批判：兼论中国古典美学研究的方法论选择》，《学术月刊》2013 年第 9 期，第 110 页。
　　不过，也有研究者认为"美"字就是指味道好，且"美"字下部的"大"本作"火"："最原始的美字应当是从羊从火，写作'羙'这个字形活脱脱一幅烤全羊写意图。'美'字最原始的字意就是美味，美食。难怪书法作品中的'美'字常常写作'羙'。例如贾平凹主编的《美文》杂志，刊名中的美字就写作'羙'……羊肉可食，然而只有有了火才能使之成为美味。传说中的黄帝时代的造字者仓颉们充分注意到了这一点，于是在造'美'字的时候，在'羊'字下面郑重地加了一个'火'。"参见刘振峰、张彦杰《羊火为美：中国古代审美意识探源》，《文艺争鸣》2010 年第 4 期，第 148、149 页。但是，"火"字甲骨文作，与（大）丝毫不类。在甲骨文中，上部为（羊）、下部为（火）的也确有其字，一般被隶定为"羔"字。由此可知，上述以"美"字为分析对象的解读纯属附会而已。

义。……可以肯定地说，在字形上，"美"字下部"大"，原本是指抽象的大小的"大"，与人无关……①

还有一些学者从"音近义通"的角度指出"美"和"肥"是同源的，以此证明"味美说"渊源有自。臧克和说："在上古语音系统中，'美'在脂部，'肥'系微部，邻部可通；又美属明母，而上古轻、重唇不分，故肥在并母，均属帮系，亦得相通。又肥即胖，两字同属帮系，而汉藏语系有的民族语言中，'胖'、'美'适同源。"他还考察了"義"（义）、"善"二字的语音，发现"'义''肥'亦同源"，"'善'在元部，与'义'属歌元对转而与'肥'则为微元旁对转"。因为"美"、"善"、"義"（义）都跟"肥"存在语音上的联系，所以他得出结论："'美'的语义为肥，肥的也即为美的。"② 李壮鹰也说："提起'肥'，我们又想到'肥'与'美'在古音中同属旨部字，也就是说，它们是同韵的。古音韵学者告诉我们：'凡同一韵之字，其义皆不甚相远'……正因为'肥'、'美'义近，故'肥'不但可以代'美'，'美'亦可以代'肥'。"③

那么，上述两方面的证据是否可靠呢？

先来说文字学方面的证据。魏耕原等在文中引王筠和裘锡圭的话

---

① 与《说文》不同的是，魏耕原等认为"'从羊从大'只能是一种视觉感，羊之大小，味觉是无力的"。参见魏耕原、钟书林《"美"的原始意义反思》，《咸阳师范学院学报》2003 年第 5 期，第 45—49 页。可同时参见臧克和《汉语文字与审美心理》，上海：学林出版社，1990 年，第 31 页。

② 臧克和：《从"美"字说到民族文化心态》，《云南民族学院学报》1989 年第 4 期，第 59—64 页。可同时参见郑红、陈勇《释美》，《古汉语研究》1994 年第 3 期，第 64—67 页。

③ 李壮鹰：《滋味说探源》，《北京师范大学学报》（社会科学版）1997 年第 2 期，第 68、69 页。以笔者所见，在上古音系中，"美"属脂部，"肥"属微部。李壮鹰说"美""肥"同属微部，或为笔误，或别有所据。参见郑张尚芳《古音字表》，《上古音系》，上海：上海教育出版社，2003 年，第 418、317 页。

为据。王筠说："天地之大，无由象之以作字，故象人之形以作'大'字，非谓'大'字即是人也。故部中'奎''夹'二字指人，以下则皆大小之大矣。它部从大义者凡二十六字，惟'亦''矢''夭''交''允''夫'六字取人义，余亦大小之大或用为器之盖矣。两臂侈张，在人无此礼体，惟取其大而已。"① 裘锡圭说："用'𤇢'表示｛大鹿｝，跟画一头很大的鹿来表示这个意思，是根本不同的两种表意方法。不知道𠆢代表｛大｝，就无法理解'𤇢'说的是什么。如果把它们当图画看待，只能理解为一个人跟一头鹿在一起。"② 我们看到，王筠其实已明确指出，"亦"字等字中的"大"表示人，这正说明"大"作为字的构件是可以表示人的。同样的，在裘先生举的例子里，𠆢（大）是独立的一个字，而不是某个字的构成部分。魏耕原没有认识到作为独立汉字的"大"和作为汉字构件的"大"并不是一回事，因此他的结论是不可靠的。

再来讨论基于"音近义通"说的证据。清代的古音学家和训诂学家主张"诂训之旨，本于声音"，以"音近义通""以音求义"为武器开辟了词源研究的新天地。③ 但正如侯占虎所指出的，"由于古音系统和音转条例毕竟是后人虚拟的，它不等于实际的古音系统，因此据此制定的音转条例也不尽可靠，又由于持'音近义通'说者往往强调了音而忽略了义，因而在此基础上的词源研究总是纰漏百出"④。所以，今天的学者对"音近义通"的有效性大多持十分谨慎的态度。就本研究而言，音韵学的证据（即所谓"'美''肥'同源"）只能够算作"弱证据"，其

① 王筠：《说文释例》卷第一，北京：中华书局，1987年，第26页下栏。
② 裘锡圭：《文字学概要》（修订本），北京：商务印书馆，2013年，第3页。原书用｛｝来标示词。
③ 参见王念孙《广雅疏证》，钟宇讯整理，北京：中华书局，1983年，第2页上栏。
④ 侯占虎：《对"音近义通"说的反思：近年来汉语词源学研究趋势管窥》，《古籍整理研究学刊》2002年第4期，第45页。

是否真实有效，最终还是要看能否与文字学（"美"字的甲骨文字形）和训诂学（"美"字的早期用例）的证据相统一。

事实上，"美"字下部的符号表示人而不表示大是可以确定的，"美"用作美味义是较晚的事也是基本可以确定的，[①] 这些已足以证明以小篆"美"字为分析对象的"味美说"无法成立。

（二）"头饰说"

随着甲骨文被发现和释读，有研究者用"头饰说"来重新诠释"美"字的形义关系。

"头饰说"具体分为"羽饰说"和"角饰说"。

最早提出"羽饰说"的很可能是陈独秀。20 世纪 30 年代，陈独秀在起稿于狱中的《识字初阶》里写道："《说文》谓'美从羊，从大'；徐铉谓'羊大则美，故从大'；均非也。'羌''姜''羣''善''羔'从羊有义，'美''義'均非从羊。'美'字甲文作美或美或美，美爵作美，象人戴毛羽美饰之形。《易·渐卦》云：鸿渐北逵，其羽可用为仪。故'義''儀'从之。甲文'羊'字无作美者，故知'美'非从羊。"[②] 1945 年，王献唐发表《释每美》一文，指出甲骨文"美"字取象头戴羽饰的男人："以毛羽饰加于女首为'每'，加于男首则为'美'。……女饰为单，故美美诸形只象一首偃仰。男饰为双，故美美诸形象两首分披，判然有别。……商锡永谓'美'字美象羊角岐敧之形。（《殷虚文字类编》）岐敧诚有之，但未见羊生四角，上下排列如此状也。"[③]

---

① 详情见本章第四节。
② 陈独秀：《小学识字教本》，北京：新星出版社，2017 年，第 115 页。该书原名《识字初阶》，成书和出版情况参见龚鹏程所作的序。
③ 王献唐：《释每美》，台湾大学文学院古文字学研究室编《中国文字》合订本第 9 卷，台北：台湾大学，1961 年，第 3935、3936 页。同时参见罗振玉考释，商承祚类次《殷虚文字类编》，台北：文史哲出版社，1979 年，第 125 页。

最早提出"角饰说"的则应该是于省吾。1963 年，于省吾发表《释羌、苟、敬、美》一文，指出甲骨文"美"字取象戴角饰的"少数民族"："古代华夏部落的人们见到羌族人民有着戴角的风尚，因而在 ζ（人）字的上部加上双角，遂造出'羌'字。……'美'字构形的取象同于'羌'，系依据少数民族装饰上的特征而创造出来的。"① 20 世纪 80 年代，萧兵提出了类似的观点。他说："（甲金文的'美'）字形都象一个'大人'头上戴着羊头或羊角。这个'大'（人）在原始社会里往往是有权力有地位的巫师或酋长，他执掌种种巫术仪式，把羊头或羊角戴在头上以显示其神秘和权威。"②

总之，"羽饰说"和"角饰说"虽然在装饰品究竟为何物的问题上不完全一致，但是都认为，甲骨文"美"字取象戴头饰的人，"美"取义于装饰。

目前，"头饰说"在文字学界已得到广泛认同。李孝定、康殷、季旭昇等众多学者都采信"羽饰说"。③ 徐中舒主编的《甲骨文字典》、李学勤主编的《字源》则兼收"羽饰说"和"角饰说"。④ 在美学界，"头饰说"的接受度同样非常高。但与文字学学者不同的是，美学学者往往将"美"字和原始仪式联系在一起，由"'美'取象于装饰起来的人"⑤，进一步敷衍出"美是在远古与羊相关的仪式整体之中产生

① 于省吾：《释羌、苟、敬、美》，《吉林大学社会科学学报》1963 年第 1 期，第 43—50 页。于先生此文被引率较高，但大多数引用者都将题目中的"苟"误写作了"筍"或"茍"。
② 萧兵：《从"羊人为美"到"羊大则美"：为美学讨论提供一些古文字学资料》，《北方论丛》1980 年第 2 期，第 42 页。
③ 参见李孝定《甲骨文字集释》，台北："中研院"历史语言研究所，1970 年，第 1323 页；康殷《文字源流浅说》，北京：荣宝斋，1979 年，第 131 页；季旭昇《说文新证》，台北：艺文印书馆，2014 年，第 299 页。
④ 参见徐中舒主编《甲骨文字典》，成都：四川出版集团·四川辞书出版社，2014 年，第 416 页；李学勤主编《字源》，天津：天津古籍出版社，沈阳：辽宁人民出版社，2012 年，第 321 页。
⑤ 高建平：《"美"字探源》，《天津师大学报》1988 年第 1 期，第 42 页。

出来的"① 这样的结论。刘旭光的意见很有代表性："按阿多诺的观点，审美与艺术活动是原始巫术世俗化的结果……美是男人头戴羽毛饰，这是巫舞的象形，而巫舞本身是用来'娱神'的，在巫术蜕变或者世俗化的过程中，'神'由外在的自然神转变为精'神'之'神'，而审美就发生在这一过程中，这是合乎逻辑的。"② 这相当于使解释"美"字字源的"头饰说"与"艺术起源于巫术"的假说相互印证。

然而，这一几乎要成为定论的主流观点其实很难经得起字形和用例的检验。

从字形的角度来看，甲骨文"美"字上部的符号与所谓的羽饰、角饰并无关联。

先来分析"羽饰说"。"羽饰说"要成立，至少需满足两个条件，一是先民有戴羽为饰的习俗，二是该习俗与"美"字相关。支持此观点的研究者往往只强调前者，而疏于对后者的考察。③ 比较"美"字甲骨文字形与我国早期图像资料（图1-1），可以看出：甲骨文"美"字（𦰩）上部的符号，两侧向下弯折十分明显；而在新石器时代晚期至汉代的羽冠者图像中，羽冠的形象几乎不存在向下弯折的情况（亦即均呈现为笔直向上）。众所周知，造字者是通过抓取"形"的基本特征来造象形字的，如果向下弯折不是羽冠的基本特征，那么"美"字上部符号所表示的就不太可能是羽冠。有学者早就注意到了这一

---

① 张法：《"美"在中国文化中的起源、演进、定型及特点》，《中国人民大学学报》2014年第1期，第126、127页。还可参见黄杨《巫、舞、美三位一体新证》，《北京舞蹈学院学报》2009年第3期，第21—26页。

② 刘旭光：《"美"的字源学研究批判：兼论中国古典美学研究的方法论选择》，《学术月刊》2013年第9期，第117页。

③ 参见王政《原始巫人戴羽、饰羽与"美"之本义》，《文艺研究》2015年第6期，第69—77页；张开焱《甲骨文羽冠"美"字构形意涵及其美学史意义》，《湖北大学学报》（哲学社会科学版）2022年第4期，第34—44页。

点。高建平指出："许多甲金文'美'字用象人戴羽饰来解释都很勉强。"[1] 臧克和也认为："我们实在从甲骨文中'美'的结体看不出羊头何以幻化为羽毛。"[2] 他们的观察无疑是准确的。需要补充的是，虽然《说文》对"翌""翼"二字的释义与王献唐的说法如出一辙，[3]但一来这两个字未见于殷墟甲骨文，二来甲骨文中仅"翼"字使用的"羽"与装饰有关，而其表示羽毛的符号 ⬡（即甲骨文"羽"字）与"美"字上部的符号 Ⱳ 完全不类。

史前羽冠图像　　　　商代羽冠图像　　　　汉代羽冠图像

资料来源：浙江省文物考古研究所：《反山》上册，北京：文物出版社，2005年，图38。　资料来源：江西省博物馆、江西省文物考古研究所、新干县博物馆：《新干商代大墓》，北京：文物出版社，1997年，第95页。　资料来源：孙机：《中国古代物质文化》，北京：中华书局，2014年，第203页。

图 1-1

不过，"羽饰说"也未必完全是想象的产物。在明清以来的戏曲表演中，有一种叫"翎子"的舞台道具（图1-2）。这种道具的原型是鹖冠上的鹖尾。"翎子与鹖尾的根本区别在于：生活中的鹖尾很短，只是一种象征性的装饰；舞台上的翎子，为了适应表演的需要，大大

---

① 高建平：《"美"字探源》，《天津师大学报》1988年第1期，第41页。

② 臧克和：《汉语文字与审美心理》，上海：学林出版社，1990年，第27页。

③ 许慎："翌，乐舞。以羽翿自翳其首，以祀星辰也。""翼，乐舞。执全羽以祀社稷也。"参见许慎撰，徐铉等校定《说文解字》第四上，北京：中华书局，2013年，第70页上栏。

地增加了长度。"① 陈独秀和王献唐都对戏曲表演十分熟悉,② 他们之所以将甲骨文"美"字上部的符号和羽饰联系在一起,很可能是受到了戏曲表演的启发和误导。

图 1-2　戏曲表演中的翎子

资料来源:子舆编著《京剧老照片·第 2 辑》,北京:学苑出版社,2014 年,第 38 页。此为梅兰芳、刘连荣在京剧《抗金兵》中的扮相。

再来分析于省吾所说的角饰。按照于先生的思路,造字者根据羌人形象创造了"羌"字,与此同时,造字者本身也认为羌人的装饰是美的并由此创造了"美"字。然而,"羌"字的甲骨文多写作$\ddot{\vec{\wedge}}$(羌),多数学者认为其中的绳索形(⅄)表示俘获或奴役的意思,带有侮辱的意味。③ 甲骨文"羌"字的羊角形和绳索形同处于一字之中,它们反映的造字者的情感应是统一的,既然"羌"字中的绳索形表现

---

① 吴同宾:《翎子》,《文史知识》1999 年第 4 期,第 56 页。

② 陈独秀 26 岁时即撰有《论戏曲》一文。王献唐亦颇喜看戏,曾与友人合著《明湖顾曲集》。

③ 详情见本章第三节和附文。

的是造字者对羌人的贬低，那么"羌"字中的羊角形便不太可能表示造字者对羌人（这里主要指羌人的装饰）的欣赏。由此可见，"羌""美"二字中的羊角形应当另有他意。

从用例的角度来看，"美"字在早期文献中的用例与"装饰说"也基本无关。

一方面，早期文献中的"美"字很少用来表示装饰美。甲骨卜辞中的"美"主要表示人名和地名，[①] 无一用作装饰美等其他后世所见的意思。《今文尚书》《易经》《春秋经》皆不见"美"字。在《诗经》中，"美"字凡四十见，而无一表示装饰美。在《论语》中，"美"字凡十四见，其中，仅一例可能含有装饰美的意思：

> 子曰："禹，吾无间然矣。菲饮食而致孝乎鬼神，恶衣服而致美乎黻冕，卑宫室而尽力乎沟洫。禹，吾无间然矣。"（《论语·泰伯》）

这里的"美"之所以只是"可能"表示装饰美，是因为它也可能指材质的优良，即"大禹平时所穿的衣服材质很差，而祭祀时的礼服用料考究"。"美"用来指材质好并不鲜见，比如：

> 天有时，地有气，材有美，工有巧：合此四者，然后可以为良。（《周礼·考工记》）
>
> 和氏之璧，不饰以五采；隋侯之珠，不饰以银黄。其质至美，物不足以饰之。夫物之待饰而后行者，其质不美也。（《韩非子·

---

① 参见徐中舒主编《甲骨文字典》，成都：四川出版集团·四川辞书出版社，2014年，第416页。

解老》）

    且先秦本就有"以素为贵""至敬无文"的观念。《礼记·礼器》云："（礼）有以素为贵者，至敬无文，父党无容。大圭不琢，大羹不和，大路素而越席，牺尊疏布鼏，樿杓，此以素为贵也。"① 由此可见，《论语》中的"美"字也无一例可确定为表示装饰美的。《论语》之后，"美"字虽偶有表示装饰美的，但从整体上看，这种用法的占比非常小（参见本章第四节节末附表）。

    另一方面，在早期文献中，"美"用来形容人的美丽时，几乎都是指人天生丽质，而与外加的装饰无关，美之主体是《论语》所谓"绘事后素"中的"素"而非"绘事"。② 当时对美人的具体描写同样重"天然"而轻"雕饰"。《诗经·硕人》描写美人："手如柔荑，肤如凝脂。领如蝤蛴，齿如瓠犀。螓首蛾眉，巧笑倩兮，美目盼兮。"③《登徒子好色赋》亦然："东家之子，增之一分则太长，减之一分则太短，着粉则太白，施朱则太赤。眉如翠羽，肌如白雪，腰如束素，齿如含贝。嫣然一笑，惑阳城，迷下蔡。"④ 这些作品对美人的装饰几乎都不着一字。诚然，字形义和字的本义不是一回事，⑤ 早期传世文献反映的审美风尚也并不能和造字年代的观念同日而语，但"美"字的早期用例与"头饰说"无甚相关以至于背道而驰，这就让我们不得不

---

① 郑玄注，孔颖达疏《礼记正义》卷第二十三，龚抗云整理，王文锦审定，北京：北京大学出版社，2000年，第853页。

② 详情见本章第四节。

③ 毛亨传，郑玄笺，孔颖达疏《毛诗正义》卷第三，龚抗云等整理，刘家和审定，北京：北京大学出版社，2000年，第262—264页。

④ 宋玉：《登徒子好色赋》，萧统编，李善注《文选》卷第十九，上海：上海古籍出版社，2019年，第907页。

⑤ 关于字形义和字的本义的区别，参见裘锡圭《文字学概要》（修订本），北京：商务印书馆，2013年，第144、145页。

怀疑这一说法不过是今人观念的投射而已。

李济曾强调，对古器物学和民族学的资料的运用有其限制。他说："若是运用得超乎于比较参考范围过远，就可能引出很站不住的，甚至于荒谬可笑的议论。因为这些材料具有丰富的刺激性，容易引起史学家的幻想。它们虽然可以帮助我们解答好些上古史的问题，同时，也可以遮蔽研究史学的正当途径。"① 从上述分析来看，建立在古器物学和民族学资料基础上的"头饰说"恐怕很难成立。

（三）"从大，芈声"之"形声说"

马叙伦从"六书"理论出发，就"美"字的造字情况提出了"形声说"。

他说："'甘'为'含'之初文，甘苦字当作'龃'。然'美'从羊、大而训为含、为龃，义自何出？徐铉谓'羊大则美'，亦附会耳。伦谓字盖从大，芈声。'芈'音微纽，故'美'音无鄙切。《周礼》美恶字皆作'媺'。本书【笔者按：指《说文解字》】：媄，色好也。是'媺'为'媄'之转注异体，'媄'转注为'媺'。媺，从女，敚声，亦可证'美'之从芈得声也。'芈''芊'形近，故讹为'羊'；或'羊'古音本如芈，故'美'从之得声。当入大部。盖'媄'之初文，从大犹从女也。"② 简言之，他认为"美"字是"媄"字的早期写法，其上部符号本作 ⅄（芈），起表音的作用，下部符号"大"表示女人，"美"为形声字，本义是"色好"，亦即长得漂亮。

这一观点看似形成了完整的逻辑闭环，但其实每一步皆为论者臆断。具体地说，认为"媄"字的意义即"美"字的本义便是没有任何

---

① 李济：《再谈中国上古史的重建问题》，《中国文明的开始》，南京：江苏教育出版社，2005 年，第 98 页。

② 马叙伦：《说文解字六书疏证》卷第七，上海：上海书店，1985 年，第 119 页（该书每卷单独编页）。

根据的。不可否认，有些分化字的确是为了明确母字的本义而造的，比如"燃"字（明确"然"字的本义）、"溢"字（明确"益"字的本义）等，但也有一些分化字是为了明确母字的引申义而造的，比如"娶"字（"取"的分化字）、"辆"字（"两"的分化字）等。马叙伦认为"媄"字必定属于前一种情况（其实应该属于后一种情况），却没有给出任何理由。此外，诸如"'美'字上部符号本作𦎫（芈）"，"'美'字从芈得声"①，"从大犹从女也"②，在甲骨文中都几乎找不到任何依据。

由此看来，马叙伦的观点过度依赖汉代学者所提出的"六书"理论，忽略了甲骨文的实际情况，同样是无法成立的。

（四）"发式说"和"发式—形声说"

在近来的新说中，"发式说"是较引人注目的一种。

周清泉在《文字考古》一书中写道："美为正立形，每为跽坐形……其首发都是僭拟马头鬃形的。""殷人在成人礼中改变首发以僭拟蚕首马鬃时，首端的发如蚕蛾触须之眉，其下则分披如马头之鬃"，"盖通过成人礼后，成人者侁立于木鼓东腹上，取得氏族成员的身分地位，是有位者。而美发中分，左右发峰高耸又形如魏阙之巍，其容威伟……由此可见商人的女性是以其美形的首发来表象其有位的身分及威伟的容貌的"。③ 他认为甲骨文"美"字上部表示模拟蚕蛾触须和马头之鬃的成年人发式，下部的"大"表示女人，整个字所表象的是

---

① 在一个形声字中，用来扮演音符的组成符号往往是常用字，并且，这个字往往还在其他的字中也充当音符（而不会专为一字充当音符），此外，形声字在殷墟第一期甲骨文（"美"字在殷墟第一期甲骨文中已出现）中的占比并不高。结合这三个方面来看，"芈"用作音符的可能性非常小。

② 为明确母字的本义而造的分化字，其添加的意符往往在母字中已有体现。如文中所举的例子："然"字中的"灬"本表示火，"益"字甲骨文中也含水滴形。大概出于这个原因，马叙伦把"美"字中的"大"解作女人（相当于"媄"字中的"女"）。

③ 周清泉：《文字考古》，成都：四川人民出版社，2002年，第631—639页。

经过成人礼仪后的商族成年女性。

陈敏综合了马叙伦的"形声说"和周清泉的"发式说",提出了"发式—形声说",其主要观点包括:(1)甲骨文"美"字上部表示模拟蚕蛾触须和马头之鬣的成年人发式,下部的"大"表示人,整个字所表象的是商族成年人;(2)"美"字最初的字形是 𦫵,演变为 𦭾 和 𦭽,后者上部的符号 ᕚ 常省作 ᕛ 或 ᕜ;(3)在字形 𦫵 中,上部符号既表示商族成年人的发式,同时也起表音的作用。①

这类观点的逻辑链大致可以表示为:商族与桑木、蚕蛾关系密切→商人认为自己的生命周期与桑蚕相似,人成年如同蚕成蛾→商人在成人仪式上梳模拟蚕蛾触须的发式(又因"蚕马同气",所以也梳模拟马头之鬣的发式)→"美"字表示梳此发式的成年人。虽然论者罗列了大量材料,但遗憾的是,除"商族与桑木关系密切"外,其余环节都缺少确凿的证据。②最关键的是,在过去被隶定为"美"字的甲骨文中,只有字形 𦭾 的上部可能与蚕蛾触须、马头之鬣相类,而最新的研究表明,这个字其实并不是"美"字。③

所以,无论商人是否真的有那样的观念和仪式,"美"字应该都与其无关。

以上否定了既往的代表性观点。从根本上说,过去对"美"字本

---

① 陈敏:《双髻、蛾眉与成人:"美"字字形演变与本义新考》,《文学评论》2023 年第 4 期,第 160—168 页。

② 比如,陈敏认为,"作为人的身体组成部分,头发紧密联系着人的生命状态,比外部装饰更能直接、有效地反映人的生命阶段。故以发式标志人的成年,比用动物角饰等外部装饰更为合理"。这一看法与文献资料(例如《仪礼》中的相关记载)、考古学资料、人类学资料相左。再比如,陈敏指出,"'美'字的较早用例常关乎头发"。但事实上,"美"字的早期用例关乎头发的非常少,且在"发式说"中,发式云云仅是"美"字的字形义而非本义或其他字义,用例关乎头发与否并不能说明任何问题。同样的道理,陈敏以"玄鸟"之"玄"的甲骨文字形与丝(可能是蚕丝)相关来证明商族与蚕的关系,也是不能成立的,所谓丝只是字形义,"玄鸟"的"玄"与蚕丝并无直接联系。

③ 详情见本章第三节。

义的研究虽然结论各不相同，但在方法上存在某些共同的谬误或不足：一是分析的"美"字字形大多直接采用甲骨学初创之时的隶定结果，而这中间可能混入了一些不是"美"字的字；二是立论往往建立在器物学资料、民族学资料等外部证据的基础上，而较少关注甲骨文体系内部的造字规律；三是仅引用极少数符合自身观点的用例来作为依据，而没有对"美"字在早期文献中的用例做全面的梳理。这些为我们重新研究"美"字留下了广阔的空间。

第三节 "美"字的早期字形和本义

要知道"美"字的本义，首先要确认"美"字的早期字形。[①] 过去被释作"美"字的甲骨文有以下这些。

表 1-1 过去被释作"美"字的甲骨文

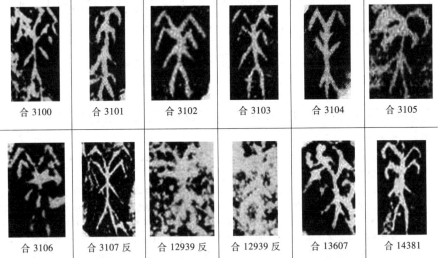

| 合 3100 | 合 3101 | 合 3102 | 合 3103 | 合 3104 | 合 3105 |
| 合 3106 | 合 3107 反 | 合 12939 反 | 合 12939 反 | 合 13607 | 合 14381 |

① 参见裘锡圭《文字学概要》（修订本），北京：商务印书馆，2013 年，第 140 页。

续表

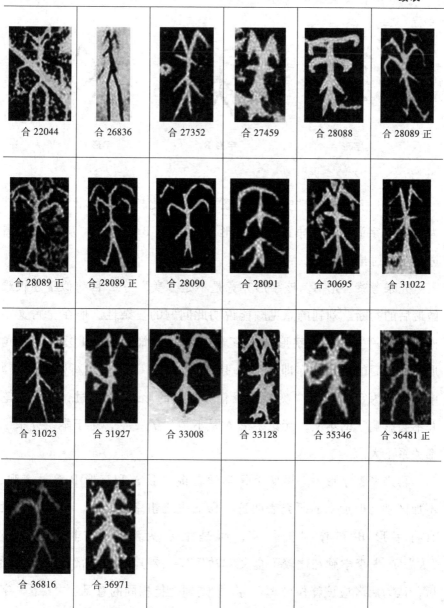

字形下的"合×××××"是其所属甲骨在《甲骨文合集》中的编号。本字形表综合了《甲骨文合集释文》（胡厚宣主编）和《殷墟甲骨刻辞类纂》（姚孝遂主编）的隶定结果，同时参考了《甲骨文校释总集》（曹锦炎、沈建华编著）和《古文字诂林》（李圃主编）等相关著作。笔者并不认同本字形表中所有的隶定结果，下文将会有详细的分析说明。

这些甲骨文大致可以分为三类：

字形 A　　　　　　　字形 B　　　　　　　字形 C

其中，字形 C 与"美"字的篆书写法有比较明确的相承关系，其为"美"字尚不存在争议，但字形 A 和字形 B 是否为"美"字则需进一步的讨论。

先来考察字形 A。该字形究竟是不是"美"字，目前似乎还很难做最后的判断。刘钊的意见颇能说明此问题的复杂性。他在《古文字构形学》一书中认为字形 A 是字形 C 添加了饰笔——重复书写羊角形——之后的结果，亦即字形 A 是"美"字。① 但在《新甲骨文编》中，他认为字形 C 是"美"字甲骨文唯一的形态。② 不过，所谓饰笔并不会影响字的本义，无论字形 A 是不是"美"字，对于本研究来说都关系不大。

再来考察字形 B。早期甲骨学学者将字形 A 和字形 B 等量齐观、不加区别，但近来的研究表明这一做法失之粗率。比如，黄天树就没有将字形 B 释作"美"字，而是隶定为"矣"（上"矛"下"大"）。③ 李学勤在比较了金文"救"字（敉）的左半部分和字形 B 后，认为后者应该释作"髦"字。④ 刘钊也持相同的意见："'髦'字

① 刘钊：《古文字构形学》，福州：福建人民出版社，2011 年，第 251、341 页。
② 刘钊主编《新甲骨文编》（增订本），福州：福建人民出版社，2014 年，第 245 页。
③ 黄天树：《甲骨文中有关猎首风俗的记载》，《中国文化研究》2005 年夏之卷，第 29 页。
④ 李学勤：《〈古韵通晓〉简评》，《中国社会科学》1991 年第 3 期，第 150 页。

像人长发下垂状，旧或释'美'，是错误的。甲骨文中真正的'美'字皆从'羊'作，与此不同。'髦'在古汉语中或指动物颈上的长毛，或指儿童头发下垂至眉的一种发式。"① 诸位先生将字形 A 和字形 B 区分开来的做法是有充分依据的。第一，两者的形式明显不同，过去之所以忽视了其间差异，很可能是因为受到"头饰说"的误导。第二，字形 B 仅见于涉及危方的卜辞（见《合集》28088、《合集》28091、《合集》36481 正），而字形 A 和字形 C 从未见于这一类卜辞。第三，就目前见到的资料来看，字形 A 未见于第四期和第五期甲骨文，而字形 B 仍见于第五期甲骨文。由此便可以断定，字形 A 和字形 B 并不是同一个字。又因为字形 B 与字形 C（即公认的甲骨文"美"字）也显非一字，所以字形 B 一定不是"美"字。

至此，可以得出以下结论：字形 C 一定是"美"字，字形 B 一定不是"美"字，字形 A 有可能是"美"字。也就是说，甲骨文"美"字是由"大"和 M 组成的准合体字。

接下来分别讨论构成甲骨文"美"字的两种符号（"大"和 M），并在此基础上来分析"美"字的本义。

（一）甲骨文"美"字中的"大"

甲骨文"美"字下部的符号是 大 或 夫（大）。②《说文》释"大"字："天大，地大，人亦大。故'大'象人形。……凡大之属皆从大。"③ 关于"美"字使用的"大"，古人认为表示大小之大，今人多认为表示人。那么，哪一种意见才是正确的呢？如果单看"美"字，

---

① 刘钊：《"小臣墙刻辞"新释：揭示中国历史上最早的祥瑞记录》，《复旦学报》（社会科学版）2009 年第 1 期，第 5 页。
② 这两种字形在甲骨卜辞中都是"大"字，后者为后世"夫"字所本。参见徐中舒主编《甲骨文字典》，成都：四川出版集团·四川辞书出版社，2014 年，第 1140 页。
③ 许慎撰，徐铉等校定《说文解字》第十下，北京：中华书局，2013 年，第 212 页下栏。

这的确是一个棘手的问题，但甲骨文中还有许多以"大"为组成部分的字，我们可以先来考察整体的情况。

使用"大"形且已经被释读的甲骨文有以下这些：🔶（大）、🔶（天）、🔶（立）、🔶（并）、🔶（亦）、🔶（央）、🔶（夹）、🔶（竞）、🔶（奚）、🔶（舞）、🔶（乘）、🔶（畏）、🔶（疾）、🔶（杕）、🔶（赤）、🔶（去）、🔶（因）。其中，🔶中的"大"是音符，🔶中的"大"系🔶之讹，🔶、🔶二字的情况尚无定论，其他字使用的"大"基本可以确定为表示人。

🔶（赤）使用的"大"，或认作"土"，或以为是音符，或以为表示大小之大，或以为表示人。商承祚："此从土者，土经重火无不赤也。"[1] 马叙伦："（《说文》）'黑'下不言北方色……南方色也非（'赤'之）本义，亦非本训。赤者，火色。从火，大声。"[2] 金祥恒："赤者，火色也，大火之色赤，丝火之色黝，故'赤'从大、火，与'幽'同为会意。"[3] 陈梦家："卜辞'赤'字象人立于火上，大汗淋漓，实乃暴巫之象。"[4] 王辉："'赤'字从大从火，'大'在甲文中象大人形，故'赤'的本义为焚人。《撷续》二九一：'贞，勿赤。'赤用为动词，可能为焚人以祭。《铁》一〇·二：'癸卯卜，🔶贞，又赤马……'所谓赤马，也就是焚马以祭，这是赤的引申义。"[5]

① 商承祚：《说文中之古文考》，上海：上海古籍出版社，1983年，第93页。

② 马叙伦：《说文解字六书疏证》卷第二十，上海：上海书店，1985年，第5页（该书每卷单独编页）。

③ 金祥恒：《释赤与幽》，台湾大学文学院古文字学研究室编《中国文字》合订本第2卷，台北：台湾大学，1961年，第906页。

④ 陈梦家：《商代的神话与巫术》，《陈梦家学术论文集》，北京：中华书局，2016年，第113页。

⑤ 王辉：《殷人火祭说》，《四川大学学报》编辑部、四川大学古文字研究室：《古文字研究论文集》（第十辑），成都：四川人民出版社，1982年，第255页。

✿（去）使用的"大"，或以之为器盖，或以为象征人，或以为表示大小之大。商承祚："✿即《说文》训凵卢饭器之凵之本字，其或体作✿，尚存古义。饭器宜温，故♉以象器，⽕其盖也。'壶'字之盖，金文及小篆亦作⽕形。后借用为人相违之'去'，遂夺本义，而别构凵字代之，非其朔矣。"① 徐中舒："甲骨文口、凵每可通。✿字之口亦当通凵。甲骨文凵当为坎陷之'坎'本字，⽕为人之正面形，故疑✿象人跨越坎陷，以会违离之意。"② 裘锡圭："'去'字在'口'上加'大'，字形所要表示的意义应该就是开口。'赤'字在'火'上加'大'表示火盛，'奋'字在'隹'上加'大'表示'鸟张毛羽自奋'（见《说文·四上·奋部》），造字方法与此相似。"③

虽然甲骨文"赤"字和甲骨文"去"字的情况还不能十分确定，但以上这些已足以反映一般规律。季旭昇指出："甲骨文偏旁从'大'都表示正面站立的人形，很少用'大'形来表示'大小'之'大'的意义。"④ 季先生的这个结论是可靠的。⑤

除了一般规律外，甲骨文"美"字的两个细节也很值得注意：一是其上、下两个部分皆紧密相连，二是其上部的⺒并非"羊"字（甲骨文"羊"字作♈）。如果"美"字使用的"大"表示大小之大，我们是无法解释这些现象的。

---

① 商承祚：《殷契佚存》，南京：金陵大学中国文化研究所，1933 年，第 19a 页。
② 徐中舒主编《甲骨文字典》，成都：四川出版集团·四川辞书出版社，2014 年，第 549 页。
③ 裘锡圭：《说字小记》，《裘锡圭学术文集》第 3 卷，上海：复旦大学出版社，2012 年，第 419 页。还可参见裘锡圭《再谈古文字中的"去"字》，《裘锡圭学术文集》第 4 卷，上海：复旦大学出版社，2012 年，第 188 页。
④ 季旭昇：《说文新证》，台北：艺文印书馆，2014 年，第 299 页。
⑤ 笔者不揣冒昧，进一步推测：当"大"作为意符时，殷人造字皆以其为形符，西周以降造字多以其为义符——前者依靠自己的形象来起作用（即表示人），后者依靠本身的字义来起作用（即表示大小之大）。这一观点或许有些冒险，但应该是符合汉字发展规律的。关于形符和义符的区别以及汉字结构变化的规律，可以参见裘锡圭《文字学概要》（修订本），北京：商务印书馆，2013 年，第 11、39 页。

综合来看，"美"字中的"大"应该表示人。

（二）甲骨文"美"字中的 ∧∧

甲骨文"美"字上部的符号是 ∧∧。在被隶定为"美"字的甲骨文中，上部符号也偶见作 ✦（《合集》12939 反）或 ✦（《合集》22044）的。① 特例的产生大概不出三种原因：商代刻字者认为该符号与羊有关；⌣ 形系 大 一横之讹；这些字是近代伪刻的。有些学者说甲骨文"美"字的"上面部分就是一个'羊'字"②，这恐怕是不准确的。"美"字上部的符号写作"羊"应始于西周。

我们先来分析 ∧∧ 取象的对象，再来分析它表示什么意义。

甲骨文中有一类字（见表 1-2）与甲骨文"美"字颇为相似，《古文字诂林》的编写者将其隶定为"朱"字，若其隶定无误，那么对"朱"字上部符号的解读或将有助于本研究。但一方面，学界对《古文字诂林》列举的这些字形究竟是什么字尚未形成统一的意见，比如《甲骨文合集释文》（表中简称"合释"）就均未释作"朱"字，《甲骨文校释总集》（表中简称"校释"）也仅释其中两例为"朱"字。另一方面，释 ✦ 为"朱"字的古文字学家对 ↑ 形的解读也不一致，比如商承祚认为"象以刀劈木分其左右"③，马叙伦则认为是音符，④ 而这两种说法用来解释"美"字上部的符号都于理不通。因此，这一研究进路是行不通的。

---

① 除《前》5.18.5（《合集》35354）所见"美"字因拓片漫漶而难以判断外，甲骨文"美"字上部符号作"羊"的，笔者仅发现两例，且这两例字形都很特殊。李孝定《甲骨文字集释》和李圃主编《古文字诂林》均将《粹》282（《合集》27352）所见"美"字摹作 ✦。笔者仔细查看《殷契粹编》和《甲骨文合集》的图版，确定该字本作 大。

② 黄玉顺：《由善而美：中国美学意识的萌芽——汉字"美"的字源学考察》，《江海学刊》2022 年第 5 期，第 15 页。

③ 商承祚：《甲骨文字研究》，商志䤼校订，天津：天津古籍出版社，2008 年，第 210 页。

④ 马叙伦：《说文解字六书疏证》卷第十一，上海：上海书店，1985 年，第 84 页（该书每卷单独编页）。

表 1-2 《古文字诂林》所举"茶"字

字形						
	合 17391	合 9552	合 6333	合 24411	合 2599	合 28233
合释	茶	岳	枭	未隶定	美	禾
校释	茶	茶	枭	未隶定	美	禾

字形					
	合 18405	合 8714	合 18404	合 3104	合 6065
合释	茶	未隶定	茶	美	未隶定
校释	茶	未隶定	茶	茶	茶

字形栏所示为《古文字诂林》"茶"字下所摹字形,该书对《合集》6333、《合集》28233 相关字形的摹写存在讹误。此外,《甲骨文合集释文》显然误释了《合集》3104 中的相关字形,以笔者所见,该书对《合集》12683、《合集》12689、《合集》13582 相关字形也存在误释。

　　以已被释读的商代甲金文为参照,"美"字上部的符号最可能取象羊角和鸟之耳羽(一称鸟之毛角)中的一种,古文字学家在分析这类符号时,一般也只考虑这两种情况。① 如表 1-3 所示,"萑""蘿""舊"的早期字形都包含了取象鸟之耳羽的符号。如果只看"甲骨文 A"行,这些字的上部符号与甲骨文"美"字使用的 ᙢ 的确十分相似,但如果将比较对象换作"甲骨文 B"或者"商代金文",其上部符号ᴎ、∩∩与甲骨文"美"字使用的 ᙢ 则明显不同——由此亦可知,在"甲骨文 A"行,"萑""蘿""舊"使用的 ᙢ 应该是ᴎ的简略形式。所以,甲骨文"美"字上部的符号并非取象鸟的耳羽。

① 参见于省吾《释羑》,《甲骨文字释林》,北京:中华书局,1979 年,第 331 页。

表 1-3　"隹""萑""雈"甲金文字形对照表

	隹	萑	雈
甲骨文 A	合 9598	合 27824	合 22884
甲骨文 B	合 21528	合 27215	合 32536
商代金文	（缺）	集成 6150	（缺）

表中"合"指《甲骨文合集》，"集成"指《殷周金文集成》。

事实上，关于"美"字上部的符号，在对已被释读且可能相关的甲骨文字形进行罗列、比较、分析后，尚难找到比取象羊角更具说服力的观点。

需要强调的是，取象羊角不等于表示真实的羊角（或羊角形头饰），即使表示真实的羊角（或羊角形头饰），也未必就是取装饰的意思。下面以"妾"字为例来说明这个问题。

《说文》："妾，有罪女子，给事之得接于君者。从辛，从女。《春秋》云：女为人妾。妾，不娉也。"[1] 甲骨文"妾"字作，甲骨卜辞中的"妾"有两种含义：一是用作人牲的女俘，二是殷王的配偶。[2] 对甲骨文"妾"字上部符号的解释也大致可以分为两类。一类解释着眼于"女俘"的意义。商承祚认为取象罪人之冠："古者从作男女没入官为奴，男曰童、女曰妾。'童''妾'字皆从者，罪人之冠，与众异也。"[3] 郭沫若认为取象施黥面之刑时所用的剞劂（一种

---

① 许慎撰，徐铉等校定《说文解字》第三上，北京：中华书局，2013 年，第 53 页上栏。
② 参见徐中舒主编《甲骨文字典》，成都：四川出版集团·四川辞书出版社，2014 年，第 230 页。
③ 商承祚：《甲骨文字研究》，商志𩾌校订，天津：天津古籍出版社，2008 年，第 244 页。

刻刀):"'辛''辛'本为剖刬,其所以转为愆罪之意者,亦有可说。盖古人于异族之俘虏或同族中之有罪而不至于死者,每黥其额而奴使之。……其留存于文字中者则为从辛之'童''妾''仆'等字。"①朱芳圃认为 𐊨 取象柴火:"余谓'妾'象女头上戴辛。辛与辛同;辛,爇薪也。……盖古代战争时俘获异族之妇女,使之服析薪炊烹之役,故造字象之。"② 上述诸家虽然对于"妾"字上部符号取象何物存在分歧,但都认为它是"有罪"或"奴役"的标志。另一类解释着眼于"配偶"的意义。李孝定:"契文'妾'字有配偶之意"③,"盖'妻'字从女上象发加笄形,'妾'则从女上加头饰,其意相同"④。赵锡元:"在殷代,'妾'不过是一般女人的泛称,没有高低贵贱的身分之别……甲骨文'妾'字头上所从之'辛',就是装饰品,类似后世女人头上盘的高髻。"⑤ 在这一类观点中,"妾"字上部的符号虽取象头饰,但在字形中并不起表示美观的作用,而是已婚女性的标志。

就甲骨文"美"字而言,其使用的羊角形虽然取象羊角,实则有两种可能的象征意义:一是日常生活中的家畜,二是原始宗教生活中的祭牲。⑥ 其逐步抽象的过程应该是:羊(具体分为家畜和祭牲两

① 郭沫若:《甲骨文字研究》,郭沫若著作编辑出版委员会编《郭沫若全集·考古编》第 1 卷,北京:科学出版社,1982 年,第 184 页。有不少学者指出,甲骨文"龙""凤"二字上部的符号也从辛,故而郭沫若的观点不可信。其实郭沫若在原文中已有解释:"'龙'、'凤'于卜辞有从辛作者……此乃象龙凤头上之冠,字当为《说文》部首举字之省。《说文》云:'举,丛生艸也,象举岳相并出也。读若泿。'……'龙'、'凤'均非从辛非辛之字,其义亦判然有别。"参见郭沫若《甲骨文字研究》,郭沫若著作编辑出版委员会编《郭沫若全集·考古编》第 1 卷,北京:科学出版社,1982 年,第 179 页。
② 朱芳圃:《殷周文字释丛》,北京:中华书局,1962 年,第 21 页。
③ 李孝定:《金文诂林读后记》,台北:"中研院"历史语言研究所,1982 年,第 68 页。
④ 李孝定:《甲骨文字集释》,台北:"中研院"历史语言研究所,1970 年,第 765、766 页。
⑤ 赵锡元:《关于殷代的"奴隶"》,《史学集刊》1957 年第 2 期,第 29 页。
⑥ 段玉裁:"始养之曰六畜,将用之曰六牲。"参见许慎撰,段玉裁注《说文解字注》第四篇上,许惟贤整理,南京:凤凰出版社,2015 年,第 261 页上栏。

类）→羊角→羊角形。

（三）"美"字的本义

甲骨文"羌"字与甲骨文"美"字，下部的符号都表示人，上部的符号都作羊角形，字形高度相似。因此，不妨先来考察"羌"字。

甲骨文"羌"字写作 𦍙 或 𦏰。甲骨文中还有 𦏰（或写作 𦍌）。董作宾："𦍙，𦏰，𦏰 皆是'羌'字，不是'羊'字。罗振玉先生皆释'羊'，非是。"[1] 徐中舒："羌，从羊从人，或从 𢆶 象绳缚之形，或又从火，或省人形作 𦍌 等，皆为'羌'之异构。"[2] 张标："古初盖以'羊'为'羌'，后乃为造今字。……由于羌人多作战俘、奴隶，故其身上每加束缚之绳索或刑具类。"[3] 前辈学者的上述论断对本研究颇具有启发性。在 𦏰 这一字形中，造字者很可能是想通过绳索形来表现对羌人的侮辱、压制乃至诅咒。[4] 同样的，"羌"字中的羊角形其实反映了造字者视 𦍙（羌）如 𦍌（羊）的观念。[5] "羌"字的构形表明造字者将羌人当作家畜一般看待，这一解释与当时的事实是完全吻合的。

---

① 董作宾：《董作宾先生全集·甲编》，台北：艺文印书馆，1977 年，第 593 页。同时参见罗振玉《罗雪堂先生全集·三集》第 2 册，台北：台湾大通书局，1989 年，第 500、501 页。

② 徐中舒主编《甲骨文字典》，成都：四川出版集团·四川辞书出版社，2014 年，第 417 页。

③ 李学勤主编《字源》，天津：天津古籍出版社，沈阳：辽宁人民出版社，2012 年，第 321 页。

④ 关于甲骨文"羌"字使用的绳索形，多数学者认为表示以绳缚羌之意，董作宾认为表示羌人牵羊之意。考察"係"字的甲骨文字形和商代金文字形，可知董先生的说法很可能不够准确。

⑤ 后世对"两脚羊"的描述恰似甲骨文"羌"字的注脚。《鸡肋编》："自靖康丙午岁金狄乱华……盗贼、官兵以至居民更互相食。人肉之价贱于犬豕，肥壮者一枚不过十五千，全躯暴以为腊。……老瘦男子庾词谓之'饶把火'，妇人少艾者名为'不羡羊'，小儿呼为'和骨烂'，又通目为'两脚羊'。"李时珍亦引陶宗仪《辍耕录》曰："古今乱兵食人肉，谓之'想肉'，或谓之'两脚羊'。此乃盗贼之无人性者，不足诛矣。"参见庄绰《鸡肋编》卷中，萧鲁阳点校，北京：中华书局，1983 年，第 43 页；孙能传辑《剡溪漫笔》卷第四，北京：中国书店，1987 年，第 13b—14a 页（该书每卷单独编页）；李时珍《本草纲目》卷第五十二，北京：中国书店，1988 年，第 110 页（该排印以 1930 年商务印书馆的铅印本为底本，此处标明的是原书第 25 册的页码）。

陈梦家说："在殷代的奴隶之中，他们【笔者按：指羌奴】恐怕是最低级的。"① 胡厚宣也早就指出，羌奴"完全没有权利，根本不算是人"②。

"美"字和"羌"字既有联系，又有区别。"羌"字使用的羊角形象征家畜，"美"字使用的羊角形则应该象征祭牲。实际上，"羊"作义符时多表示祭牲，比如"祥"字，其左半部分的"示"表示神主，右半部分的"羊"表示祭牲，同时又起表音的作用。③ 既然甲骨文"美"字使用的羊角形象征祭牲，使用的"大"又表示人，那么显而易见，"美"字的本义应该就是人牲。但尚需注意到，甲骨文中已有 🐑（牲）字，其左半部分的意符很可能就表示用于献祭的羌人，如果"美"字仅仅表示普通的人牲，"美""牲"二字便没有任何区别了。

这里涉及商代人牲的构成。陈梦家早就指出："卜辞所记用人之祭仅限于羌人、羌白（伯）及少数的其它方伯。"④ 胡厚宣也说："殷人征伐方国，俘获了方国的伯长，也常常用以祭祀。……自廪辛、康丁至帝乙、帝辛，卜辞中用方伯祭祀的共有十六条。"又说："征伐俘获了方国的伯长，不但用以祭祀宗庙和祖先，而且砍下他们的头来，还在头骨上刻上铭文，以纪念胜利。"⑤ 这样的人头骨刻辞，胡厚宣

---

① 陈梦家：《殷虚卜辞综述》，北京：中华书局，1988 年，第 282 页。
② 胡厚宣：《中国奴隶社会的人殉和人祭》（下篇），《文物》1974 年第 8 期，第 57 页。
③ 在关于"美"字起源的讨论中，已有学者注意到"羊"的这一特征。徐岱指出："在当时的汉文化传统里，羊这种动物的主要用途不同于今天这样以'烤羊肉'闻名，更多的是被当作一种牺牲的象征以满足人们的宗教礼仪之需。"参见徐岱《来自神学的美学：论美学的知识形态之一》，《文艺理论研究》2001 年第 1 期，第 66 页。日本美学家今道友信也曾指出，"美"字中的"羊"很可能是牺牲的象征，但他把"美"的形义关系解释成"只有连为他人献出自己生命也不后悔的心才是美的"。参见今道友信《关于美》，鲍显阳、王永丽译，哈尔滨：黑龙江人民出版社，1983 年，第 176 页。
④ 陈梦家：《殷虚卜辞综述》，北京：中华书局，1988 年，第 280 页。
⑤ 胡厚宣：《中国奴隶社会的人殉和人祭》（下篇），《文物》1974 年第 8 期，第 60 页。

所见有十一片，此后陆续增补，迄今共计有十六片。[①] 由此可知，商人有杀戮敌方首领来致祭的习俗，并且，他们对这类高级祭品十分重视。考虑到"牲"已泛指一切祭牲，我们有理由推断，"美"很可能特指用作人牲的"羌白（伯）及少数的其它方伯"，亦即高级人牲。

综上所述，甲骨文中真正的"美"字皆从"羊"作。其上部的符号取象羊角，是祭牲的标志，下部符号取象四肢张开的成年人，表示人。"美"字的甲骨文字形表示用于献祭的羌伯或其他方伯，"美"字的本义是高级人牲。

第四节　"美"词义的引申

在常见的辞书中，"美"的义项一般包括以下几种：（1）味美，甘美；（2）美丽，漂亮；（3）善，与"恶"相对；（4）美好的人或事物；（5）赞美，以为美。[②] 那么，"美"字的本义（即"美"这个词在造字时的意义）是如何引申出这些意义的呢？下文将尝试回答这个汉语研究和中国美学研究中的历史难题，但分析的引申义并不局限于常见辞书所列的义项。

（一）大，高大的

此义是较近的引申义。在商代以及更早的时期，人的力气在生产生活中发挥着十分重要的作用，高级人牲（即用于献祭的部落首领）很可能就是身形高大、孔武有力之人——高大强壮既可能是其成为部

---

① 关于这批人头骨刻辞的内容和收藏情况，参见方稚松《殷墟人头骨刻辞再研究》，《甲骨文与殷商史》（新九辑），上海：上海古籍出版社，2019 年，第 351—364 页。

② 参见《古代汉语词典》编写组编《古代汉语词典》（大字本），北京：商务印书馆，2002年，第 1044 页。

落首领的原因，也可能是其成为部落首领的结果（因为这意味着可以占据更多更好的食物）。换个角度来看，高级人牲原本较高的社会地位也极容易被视觉化为高大之人的形象，我们在汉代画像砖（比如西王母的形象，图1-3）乃至唐代的画作（比如阎立本《步辇图》中唐太宗的形象）中都能见出这种思维。除此之外，许多学者都曾谈到，基于音韵学的考察，"美"和"肥"是同源的，且后世祭品讲究"博硕肥腯"（《左传·桓公六年》）。① 综合上述信息，可以合理推测："美"由高级人牲直接引申出了高大的意义。

图1-3　西王母、伏羲、女娲画像

资料来源：《中国画像石全集》编辑委员会编《中国画像石全集》第2卷，济南：山东美术出版社，郑州：河南美术出版社，2000年，第32页。

———————

① 参见郑红、陈勇《释美》，《古汉语研究》1994年第3期，第64—67页。

《诗经》中的"美"，除"自牧归荑，洵美且异"和"匪女之为美"（《诗经·静女》）两处外，均与人相关，且多有高大的意思。比如：

> 硕人俣俣，公庭万舞。有力如虎，执辔如组。……云谁之思？西方美人。彼美人兮，西方之人兮。（《诗经·简兮》）（传：俣俣，容貌大也。笺：彼美人，谓硕人也。）
>
> 叔适野，巷无服马。岂无服马？不如叔也，洵美且武。（《诗经·叔于田》）
>
> 卢重环，其人美且鬈。（《诗经·卢令》）（笺：鬈读当作权。权，勇壮也。）
>
> 有美一人，硕大且卷。（《诗经·泽陂》）

在早期文献中，"美"还常常用来指建筑、树木、器物之高大：

> 陈辕宣仲怨郑申侯之反己于召陵，故劝之城其赐邑，曰："美城之，大名也，子孙不忘。吾助子请。"乃为之请于诸侯而城之，美。遂谮诸郑伯，曰："美城其赐邑，将以叛也。"申侯由是得罪。（《左传·僖公五年》）
>
> 子有令闻而美其室，非所望也。（《左传·襄公十五年》）
>
> 灵王为章华之台，与伍举升焉，曰："台美夫！"对曰："……先君庄王为匏居之台，高不过望国氛，大不过容宴豆，木不妨守备，用不烦官府，民不废时务，官不易朝常。"（《国语·楚语上》）
>
> 牛山之木尝美矣，以其郊于大国也，斧斤伐之，可以为美乎？

（《孟子·告子上》）

　　匠石之齐，至于曲辕，见栎社树。其大蔽数千牛，絜之百围，其高临山，十仞而后有枝，其可以为舟者旁十数。……弟子厌观之，走及匠石，曰："自吾执斧斤以随夫子，未尝见材如此其<u>美</u>也。"（《庄子·人间世》）

　　市丘之鼎以烹鸡，多洎之则淡而不可食，少洎之则焦而不熟，然而视之蠵焉<u>美</u>无所可用。（《吕氏春秋·应言》）

需要指出的是，在常见的辞书中，"美"的高大义都没有被单独列出，这导致人们常常难以准确理解早期文献中的相关句子。比如上引"陈辕宣仲怨郑申侯之反己于召陵"之例，杨伯峻的译文为：

　　陈国的辕宣仲（涛涂）怨恨郑国的申侯在召陵出卖了他，所以故意劝申侯在所赐的封邑筑城，说："把城筑得美观，名声就大些，子孙不会忘记。我帮助您请求。"就为申侯向诸侯请求而筑起城墙，筑得很美观。辕宣仲就在郑文公面前进谗言说："把所赐封邑的城墙筑得那么美观，是准备将来用这城墙叛乱的。"申侯因此而获罪。[①]

郭丹的译文为：

　　陈国的辕宣仲埋怨郑国的申侯在召陵的时候出卖了他，所以故意劝他在封邑筑城，说："把城筑得美观一些，这样名声更大，子孙也不会忘记你。此事我可以帮你请求。"于是帮助申侯向诸

---

① 杨伯峻、徐提译《白话左传》，北京：中华书局，2016年，第76页。

侯请求筑城，城修筑得很美观。于是在郑文公面前说申侯的坏话，说："把赐邑修筑得那么美观，是准备反叛了。"申侯因此得罪于郑文公。①

杨伯峻和郭丹都将其中的"美"解释成美观。但美观与反叛并无关联，其译文颇令人不解。事实上，这里的"美"应该训作高大。《周礼·考工记》："王宫门阿之制五雉，宫隅之制七雉，城隅之制九雉。经涂九轨，环涂七轨，野涂五轨。门阿之制以为都城之制。宫隅之制以为诸侯之城制。环涂以为诸侯经涂，野涂以为都经涂。"②《孔子家语·相鲁》："孔子言于定公曰：'家不藏甲，邑无百雉之城，古之制也。今三家过制，请皆损之。'"③ 所以，原文其实是说：郑国的申侯逾越礼制，将封邑的城墙修建得过高了，从而引起了郑国国君的猜忌。类似的，上引"子有令闻而美其室"之例中的"美"首先也应该理解为高大。《礼记·礼器》："（礼）有以大为贵者。宫室之量，器皿之度，棺椁之厚，丘封之大，此以大为贵也。"④ "美其室"之所以"非所望"，同样是因为逾越了礼制。

（二）好，美好的

此义也是较近的引申义。献祭者祭以高级人牲，目的是求得神的庇佑。神的庇佑无所不包，其对于献祭者而言是美好的。所以，"美"又由高级人牲引申为一般意义上的好。这一引申路径有例可循。"福"

---

① 郭丹、程小青、李彬源译注《左传》，北京：中华书局，2012年，第345页。
② 郑玄注，贾公彦疏《周礼注疏》卷第四十一，赵伯雄整理，王文锦审定，北京：北京大学出版社，2000年，第1352—1354页。
③ 高尚举、张滨郑、张燕校注《孔子家语校注》卷第一，北京：中华书局，2021年，第10页。
④ 郑玄注，孔颖达疏《礼记正义》卷第二十三，龚抗云整理，王文锦审定，北京：北京大学出版社，2000年，第850页。

字的甲骨文作_豊，取象奉酒于神前之形，在卜辞中多用作祭名，本义
当与以酒肉祭神有关，而"福"在后世多用作有神佑助的意思。《说
文》："祸，害也，神不福也。"① 曾伯簠："天賜（赐）之福。"类似
的还有"胙"字，其本义是祭肉，引申出福佑的意思。

　　早期文献中的"休"字，古人多训作美。王力以为不确：

　　　　《诗·大雅·民劳》："以为王休"，《小雅·菁菁者莪》："我
　　心则休"，《商颂·长发》："何天之休"，传笺皆训"美"。《国
　　语·楚语》："无不承休"，注："度也。"《周语》："为晋休戚"，
　　注："喜也。"《左传》襄公二十八年："以礼承天之休。"注：
　　"福禄也。"今按，"以为王休"之"休"即"休息"之义，故与
　　上文"劳"字对举。【笔者按："以为王休"的上一句是"无弃
　　尔劳"。】"我心则休"与"为晋休戚"之"休"犹言"愉"也。
　　由"休息"之义引申，犹今语所谓"松快"也。至"何天之休"
　　"承天之休""无不承休"皆当训"庇"。后世作"庥"，休于树
　　下或屋下则受荫庇也。传笺注皆失之。②

　　裴锡圭虽然持相似的意见，但指出："古书里的有些'休'字似
乎确实应该训为'美'。这种意义也有可能是由荫庇一类意义引申出
来的。"③ 笔者认为裴先生的意见是正确的。"美"（奉献祭品以求荫
庇）和"休"（荫庇）的关系，可以类比于"福"（奉献祭品以求荫
庇）和"佑"（荫庇）的关系。

　　"美"用作此义十分常见，例如：

　　① 许慎撰，徐铉等校定《说文解字》第一上，北京：中华书局，2013 年，第 3 页上栏。
　　② 王力：《王力文集》第十九卷，济南：山东教育出版社，1990 年，第 98 页。
　　③ 裴锡圭：《文字学概要》（修订本），北京：商务印书馆，2013 年，第 142 页。

庭实旅百，奉之以玉帛，天地之<u>美</u>具焉。（《左传·庄公二十二年》）

疏为川谷，以导其气；陂塘污庳，以钟其<u>美</u>。（《国语·周语下》）

君子知至学之难易，而知其<u>美</u>恶，然后能博喻。（《礼记·学记》）

（三）美丽

此义是义项（二）的具体化，即视觉上的好。

在早期文献中，当"美"用作美丽义时，如果是形容人，则大多指人本身漂亮而与增饰无关，例如：

昔有仍氏生女，鬒黑而甚<u>美</u>，光可以鉴，名曰玄妻。（《左传·昭公二十八年》）

越人饰<u>美</u>女八人，纳之太宰嚭。（《国语·越语上》）

西施之沉，其<u>美</u>也。（《墨子·亲士》）

当王公大人之于此也，虽有骨肉之亲，无故富贵、面目<u>美</u>好者，实知其不能也，不使之也。（《墨子·尚贤下》）

生而<u>美</u>者，人与之鉴，不告则不知其<u>美</u>于人也。（《庄子·则阳》）

丈夫年五十而好色未解也，妇人年三十而<u>美</u>色衰矣。（《韩非子·备内》）

贤不肖不可以不相分，若命之不可易，若<u>美</u>恶之不可移。（《吕氏春秋·功名》）

如果是形容某物或某些场面，则多指隆重、盛大——虽与装饰相关，但侧重点在其程度，例如：

　　楚公子围设服、离卫。叔孙穆子曰："楚公子美矣，君哉！"（《左传·昭公元年》）（杨伯峻注：言围已用楚君之一切服饰设施。）

　　百姓闻王车马之音，见羽旄之美。（《孟子·梁惠王下》）

　　世俗之行丧，载之以大辁，羽旄旌旗如云，偻翣以督之，珠玉以备之，黼黻文章以饬之，引绋者左右万人以行之，以军制立之然后可。以此观世，则美矣侈矣。（《吕氏春秋·节丧》）

这两种特点似乎都受到了义项（一）的强烈影响：身材高大是漂亮的标准之一，而这是人本身的特点；具象的、特指的"高大"进一步引申为抽象的、泛指的"大"，而"隆重""盛大"便属于后者。

（四）美味

此义也是义项（二）的具体化，即味觉上的好。例如：

　　脍炙与羊枣孰美？（《孟子·尽心下》）

　　食饮不美，面目颜色不足视也；衣服不美，身体从容丑羸，不足观也。（《墨子·非乐上》）【前一个"美"字为美味义，后一个"美"字为美丽义。】

　　夫香美脆味，厚酒肥肉，甘口而病形。（《韩非子·扬权》）

（五）美德

此义也是义项（二）的具体化，即品行上的好。例如：

子曰："尊五<u>美</u>，屏四恶，斯可以从政矣。"（《论语·尧曰》）

此十六族也，世济其<u>美</u>，不陨其名。（《左传·文公十八年》）

崇其<u>美</u>，扬其善，违其恶，隐其败。（《荀子·臣道》）

（六）赞美

此义是义项（二）作动词时的意动用法，即认为……是好的。例如：

彰人之善，而<u>美</u>人之功，以求下贤。（《礼记·表记》）

夫仁人事上竭忠，事亲得孝，务善则<u>美</u>，有过则谏，此为人臣之道也。（《墨子·非儒下》）

故<u>美</u>之者，是<u>美</u>天下之本也。（《荀子·富国》）

综上所述，"美"词义的引申路径可表示如下：

其中，高级人牲的意义因人祭现象式微而不见于后世，高大的意义因属于"视觉上的好"之一种而渐为美丽义所掩。先秦时期，"美"的上述诸义项都已经出现，此后没有继续引申出其他的独立义项。在过去的研究中，研究者或许因为受《说文解字注》"引伸之，

凡好皆谓之美"[1] 之论的影响，往往以为"美"先指某种个别的好，然后借通感等途径引申为一般的好。这种思路其实是站不住脚的：一方面，"美"用来指一般之好的时间相对更早；另一方面，"丽""甘"等其他用来指视觉好、味觉好的词并没有引申出一般之好的意思。

附表　"美"字在早期文献中的使用情况

书名	字义					
	大，高大	好，美好	美丽（质）	美丽（文）	美味	赞美
今文尚书						
诗经	11	11	18			
易经						
春秋经						
论语	1	11	2			
左传	6	26	23	7		
国语	4	27	5（2）	2		1
仪礼		3				
周礼		4				
礼记		27		7	7	3
孟子	5	5	1	5	1	
庄子	1	28	17（1）	2		3
墨子		13	17（2）	4	3	
晏子春秋	4	8	1	2	1	1
商君书				3		
荀子	1	58	6（5）	3	1	11
韩非子	2	23	21（2）	6	9	8

① 许慎撰，段玉裁注《说文解字注》第四篇上，许惟贤整理，南京：凤凰出版社，2015年，第261页上栏。

续表

书名	字义					
	大，高大	好，美好	美丽（质）	美丽（文）	美味	赞美
吕氏春秋	4	16	10	2	10	1

备注：1. "美丽（质）"指本质好看，"美丽（文）"指装饰好看；2. "美丽（质）"所在栏，括号内的数字表示其中兼含装饰美意思的次数；3. 在早期文献中，"美"用作美好义时常兼有美德的意思，考虑到这不是本文论述的重点，故本表未对两者做进一步的区分。

第五节　重估"美"的美学史意义

甲骨文中真正的"美"字皆从"羊"作。其上部符号取象羊角，是祭牲的标志，下部符号取象四肢张开的成年人，表示人。"美"字的甲骨文字形表示用于献祭的羌伯或其他方伯，"美"字的本义是高级人牲。"高级人牲"由其本身的特点和存在的目的演化出"高大"和"好"两种较近的引申义。一般意义上的"好"在语用中逐渐具体化，进而又演化出"美丽""美味""美德""赞美"等较远的引申义。

那么，汉语中的"美"对于今天的中国美学研究究竟有什么意义呢？

第一，本章的研究表明，"美"字的本义与美学其实没有直接的联系。由于西语中的"感性学"（Aesthetics）在引入中国时被转译为"美学"①，"审美"一词深入人心，许多研究者随之认为，"美"字的

---

① 关于"美学"汉语译名的由来，参见李庆本《"美学"译名释》，《文学评论》2025年第1期，第149—160页；黄兴涛《"美学"译名再考：花之安与西方美学概念在华早期传播》，《文艺研究》2024年第10期，第5—16页；李庆本《"美学"译名考》，《文学评论》2022年第6期，第5—13页；王确《汉字的力量：作为学科命名的"美学"概念的跨际旅行》，《文学评论》2020年第4期，第33—39页。

本义必定与审美相关。这一没有根据的先入之见导致对"美"字本义的探讨沦为与"美"字字形毫不相干的想象叙事——尽管相关研究大多也是从字形入手的，但它们不过是流于表面的"例行公事"而不同于真正的字形比较和字形分析。刘成纪指出，"无论东汉时期的许慎，还是近世的马叙伦、萧兵、李泽厚、刘纲纪，其对'美'字的解释均属于'望文生义'"，"让人起疑的地方则在于所有'望文'生出的'义'，都无法从史料中找到足够的支持和证明"①。刘旭光也认为，上述诸家"在还原'美'的本源意是什么的时候，其理论视野和方法已经在先地赋予了这个词某种意义，因此他们给出的解释不是'还原'而是'填充'"②。应该说，这样的批评并不过分。③

第二，"美"字的早期语用反映了先秦时期"以大为美"的审美观念。长期以来，研究者们似乎因为"美"字中的"大"不表示大小

① 刘成纪：《从"美"字释义看中国社会早期的审美观念》，《郑州大学学报》（哲学社会科学版）2014年第3期，第93、94页。

② 刘旭光：《"美"的字源学研究批判：兼论中国古典美学研究的方法论选择》，《学术月刊》2013年第9期，第116页。

③ 虽然本章第二节分析的旧说都适用于这一批评，但笔者还是想再举一例。陈良运说："为什么古代西方的希腊和东方的印度，人们皆由男女两性关系而生发美感，尤其对女性美，难道中国古人就只求满足口腹之欲而淡漠于两性交欢之美、人类之尤物——女子之美?"于是，他给出了这样的说辞："'羊'为女性之征，'大'为男性之征，男女交合，'美始于性'。……'羊'、'大'为美，实为具象与抽象、阴与阳、刚与柔的结合，由具象向观念升华，这就是'美'字构成的奥妙，中国人原初美意识就产生于阴阳相交的观念之中，也可说是最基本、最普及的男女性意识之中。"在魏耕原等人看来，陈良运的这篇文章具有学术研究前所未见的"随意性和不规范性"。倪祥保更是专门撰文反驳陈良运的观点："陈先生强调'两性交欢之美'，不仅基本上背离了审美意识主要来自于视觉感受的正确观点，而且还明显违背了古今中外美学家所共识的一条基本原理：对于真正意义上的审美来说，越是具有肉体快感的就越是远离美感。"事实上，陈良运的立论明显受到了弗洛伊德学说的影响，而倪祥保的驳论则建立在西方美学的"审美非功利"说之上，二者都完全脱离了"美"字产生时具体的历史语境，其谬误并没有根本的差异。参见陈良运《"美"起源于"味觉"辨正》，《文艺研究》2002年第4期，第61、64页；魏耕原、钟书林《"美"的原始意义反思》，《咸阳师范学院学报》2003年第5期，第45页；倪祥保《论中国人原初美意识的起源：兼与陈良运先生商榷》，《文艺研究》2005年第2期，第82页。

之大而忽视了"美"与"大"之间的紧密联系。事实上，不仅"大、高大"本就是"美"较近的引申义，而且从"美"字的早期语用来看，当其用来指一般意义上的美丽时，往往也包含了大（或隆重、盛大等与大相关）的意思。在诸子美学思想中，抽象的"大"也常常意味着一种高层次的审美理想。孔子说："大哉，尧之为君也！巍巍乎，唯天为大，唯尧则之。荡荡乎，民无能名焉。巍巍乎，其有成功也，焕乎，其有文章。"①孟子说："充实之谓美，充实而有光辉之谓大。"②《老子》曰："大方无隅，大器晚成，大音希声，大象无形"，"大直若屈，大巧若拙，大辩若讷"③。《庄子》曰："天地有大美而不言，四时有明法而不议，万物有成理而不说。圣人者，原天地之美而达万物之理。"④"美"字的早期语用和诸子美学思想相互印证，表明"以大为美"的确是先秦时期最重要的审美观念之一。

第三，"美"词义的引申路径反映并参与塑造了审美和伦理相统一的中国美学精神。由于"美"的美丽义和美德义皆由一般意义的好引申而来，所以汉语语境中的"美"往往具有高度的含混性。《国语》"伍举论台美而楚殆"一则最能说明问题。楚灵王和伍举一起登上章华台，楚灵王不无自豪地感叹道："台美夫！"这里的"美"主要指章华台的高大，兼指装饰的奢华，属于审美的范畴。伍举回答道："臣闻国君服宠以为美……不闻其以土木之崇高、彤镂为美"，"夫美也者，上下、内外、小大、远近皆无害焉，故曰美。若于目观则美，缩

---

① 何晏注，邢昺疏《论语注疏》卷第八，朱汉民整理，张岂之审定，北京：北京大学出版社，2000年，第118页。

② 赵岐注，孙奭疏《孟子注疏》卷第十四上，廖名春、刘佑平整理，钱逊审定，北京：北京大学出版社，2000年，第464页。

③ 王弼注，楼宇烈校释《老子道德经注校释》，北京：中华书局，2008年，第112、113、123页。

④ 郭庆藩：《庄子集释》卷第七下，王孝鱼点校，北京：中华书局，2012年，第732页。

于财用则匮，是聚民利以自封而瘠民也，胡美之为？"① 他讲的"美"则仅关乎伦理。先秦时期，虽然审美已经独立出来，但在正统的"以德配天"观念中，任何意义上的"好"都需要道德的支持，也就是说，美是否正当，取决于它和伦理是相悖的还是统一的。"美"这个词的含混性无疑强化了这一重要观念。

总而言之，对于汉语中的"美"，我们既不能把它和西语中的"感性学"（Aesthetics）完全等同起来，也要充分认识到它被用于"美学"这一汉语译名的历史必然性。

附　关于汉字起源的讨论

在关于"美"字的讨论中，许多学者于不经意间透露出以下前见：一是发明"美"字的时间在原始社会时期，二是发明"美"字的人是今之所谓少数民族。事实上，汉字起源于何时，是由谁（或哪个群体）发明的，对这些问题的认识关乎"字史互证"的可行性和有效性。如果认识不够到位，那么无论是文字学意义上的字源分析，还是透过字源解读中国早期社会，都将因脱离造字的历史背景而无法得出准确结论。

然而，长期以来，研究者在进行字源分析的时候，似乎很少提及上述关键问题。这虽有可能是疏忽所致，但也很可能是刻意回避的结果——关于汉字的起源，学界争论不断，至今没有达成一致的意见。

比如，关于良渚遗址所见符号的性质，何天行在发表于1937年的《杭县良渚镇之石器与黑陶》一文中认为，其中的个别符号"为文字

---

① 《国语》卷第十七，上海师范大学古籍整理研究所校点，上海：上海古籍出版社，1988年，第541—546页。

无疑":"这些文字刻于原器口缘的四周,并有锯齿形纹绘联络,故知其为文字而非绘画。"① 而施昕更在翌年发表的《良渚》报告中指出,何天行所见的符号"与花纹相去不远,是不是最原始的文字,尚有疑问"②。

比如,关于半坡遗址所见符号的性质,郭沫若是这样说的:"半坡彩陶上每每有一些类似文字的简单刻划,和器上的花纹判然不同。黑陶上也有这种刻划,但为数不多。刻划的意义至今虽尚未阐明,但无疑是具有文字性质的符号,如花押或者族徽之类。……彩陶和黑陶上的刻划应该就是汉字的原始阶段。"③ 于省吾也认为,半坡陶器上的符号是"文字起源阶段所产生的一些简单文字"④。但《西安半坡》考古报告的编写者认为它们还不是文字,"可能是代表器物所有者或器物制造者的专门记号"⑤。

比如,关于大汶口遗址所见符号的性质,唐兰曾断言:"(大汶口陶器上的符号)和后来的商周铜器铭文、甲骨卜辞,以及陶器、玉器、石器等上的文字是一脉相承的,是我国文字的远祖,是我国在目前所见到的最早的民族文字……它们已经是很进步的文字,整齐而合规范,有些像后来秦朝所定的小篆,唐朝所定的楷书。"⑥ 陈国强则持

① 何天行:《杭县良渚镇之石器与黑陶》,周膺、何宝康编校《良渚文化与中国早期文化研究:何天行学术文集》,天津:天津社会科学院出版社,2008年,第13页。
② 施昕更:《良渚:杭县第二区黑陶文化遗址初步报告》,杭州:浙江省教育厅,1938年,第25页。
③ 郭沫若:《古代文字之辩证的发展》,《考古》1972年第3期,第2、3页。
④ 于省吾:《关于古文字研究的若干问题》,《文物》1973年第2期,第32页。
⑤ 中国科学院考古研究所、陕西省西安半坡博物馆编《西安半坡》,北京:文物出版社,1963年,第198页。
⑥ 唐兰:《中国有六千多年的文明史:论大汶口文化是少昊文化》,《唐兰全集》第4册,上海:上海古籍出版社,2015年,第1888—1890页。同时参见唐兰《从大汶口文化的陶器文字看我国最早文化的年代》《再论大汶口文化的社会性质和大汶口陶器文字:兼答彭邦炯同志》,《唐兰全集》第4册,上海:上海古籍出版社,2015年,第1843—1846、1853—1856页。

截然不同的看法："大汶口墓葬发现的'图画文字'虽比西安半坡仰韶文化发现的较为复杂，但还属文字的起源和萌芽，都只是马克思所说的'图画文字'，还不是真正的文字，不能说是'文字的发明'。"①

再比如，西方汉学家吉德炜（David N. Keightley）将良渚陶器上的符号和大汶口陶器上的符号等量齐观，认为它们都是商代甲骨文的前身。② 但高明指出，前者不过是陶符，后者才能算陶文——"陶符只能起到一种标记的作用，不能代替文字，陶文才是真正的汉字，二者之间既非一脉相承，也无因袭关系，根本是两回事情"③。

学者们在判断具体符号的性质时之所以歧见纷纭，首要原因是对文字和一般符号的区别缺少清晰的认识。一个典型的例子是，在 21 世纪初召开的"中国文字起源"学术研讨会上，与会的多数学者认为我国远古器物上的刻划符号应是原始文字，理由是这些符号已经具备了计数、戳记和表意的功能，而事实上，非文字的符号同样可以具备这些功能。④

其实，早在 20 世纪 80 年代初，汪宁生已就此问题做过深入研究。他把文字和原始记事中的符号、图形的主要区别归纳为以下几个方面：

第一，文字是记录语言的，而符号或图形是脱离语言的。例

---

① 陈国强：《略论大汶口墓葬的社会性质：与唐兰同志商榷》，《厦门大学学报》（哲学社会科学版）1978 年第 1 期，第 68 页。还可以参见《考古》编辑部《大汶口文化的社会性质及有关问题的讨论综述》，《考古》1979 年第 1 期，第 33—36 页。

② David N. Keightley, *The Origins of Writing in China*：*Scripts and Cultural Contexts*, Wayne Senner ed., *The Origins of Writing*, Lincoln：University of Nebraska Press, 1989, pp. 171-202.

③ 高明：《论陶符兼谈汉字的起源》，《北京大学学报》（哲学社会科学版）1984 年第 6 期，第 53 页。

④ 参见中国文字起源学术研讨会秘书组《中国文字起源学术研讨会综述》，《中国史研究动态》2001 年第 9 期，第 18、19 页。该会议由中国殷商文化学会、中国先秦史学会、北京大学中国古代文明研究中心、洛阳市文物管理局、洛阳市海外联谊会和洛阳市第二文物工作队共同发起。在会议上，也有研究者提出只有成排成行的符号才能被当作文字，但从综述来看，这些意见没有受到应有的重视。

如，在原始记事中，牛的图形引起人们回忆的首先是牛的本身，而不是"牛"的名称。

第二，文字可以成为社会交际的工具，凡是识字的人都能了解其意义；而原始记事中的符号或图形主要是帮助记忆，如表达意见，则要经当事人的解释，否则，第三者是很难了解其确切含义的。

第三，文字是连贯的，能表达完整的思想；而符号或图形是不相连续的，只表达一句话或一件事的几个重要的部分。

第四，文字形体相对说来是固定的（象形文字写法仍不完全固定，如我国甲骨文中有些字还有不同写法）；而符号或图形的写法是经常变动的，甚至一个人前后所写也可能不相一致。[①]

简而言之，文字是记录语言的，它有两个基本特征：一是表音，二是有稳定的体系。用裘锡圭的话来说，"只有用符号（包括图形）记录成句语言中的词的认真尝试，才是文字形成过程开始的真正标志"[②]。而在具体的实践中，符号的呈现方式（即一个一个孤立的还是成排成行的）则是判断其是否被用来记录语言的重要依据。

如果以"成排成行"且"与后世汉字有明确的相承关系"为标准，那么在目前已发现的考古资料中，不仅夏代及以前未见此类符号，即使商代前期也很少有这样的符号。所以，陈梦家认为汉字兴于公元

---

① 汪宁生：《从原始记事到文字发明》，《考古学报》1981年第1期，第41、42页。

② 裘锡圭：《文字学概要》（修订本），北京：商务印书馆，2013年，第1页。裘先生起初也认为"大汶口文化象形符号应该已经不是非文字的图形，而是原始文字了"，但在读了汪宁生的文章后改变了看法。他说："我们过去曾经……认为它们跟古汉字之间很可能'存在着一脉相承的关系'。现在看来，这样说是不妥当的。"参见裘锡圭《汉字形成问题的初步探索》《汉字的起源和演变》，《裘锡圭学术文集》第4卷，上海：复旦大学出版社，2012年，第32、113页。

前 1500 年前后，最早不会超过公元前 2000 年。① 裘锡圭认为汉字形成
过程开始的时间可能在公元前 2500 年前后，而汉字形成完整的文字体
系的时间很可能在公元前 1600 年前后（即夏商之际）。② 两位先生的
意见应该是可从的。③

与"汉字起源于何时"的问题相比，"汉字由谁发明"的问题更
少被学界关注。以下从神话传说和历史文献两个角度略述一二。

晚周盛行"仓颉造字"的传说。《世本·作篇》："苍颉作书。"④
《荀子·解蔽》："好书者众矣，而仓颉独传者，一也。"⑤《韩非子·
五蠹》："古者苍颉之作书也，自环者谓之私，背私谓之公。公私之相
背也，乃苍颉固以知之矣。"⑥《吕氏春秋·君守》："奚仲作车，苍颉
作书，后稷作稼，皋陶作刑，昆吾作陶，夏鲧作城。"⑦ 这一传说被汉
代学者继承了下来。《淮南子·本经训》："昔者苍颉作书而天雨粟，

---

① 陈梦家：《中国文字学》，北京：中华书局，2006 年，第 15 页。
② 裘锡圭：《文字学概要》（修订本），北京：商务印书馆，2013 年，第 30、34 页。李零曾
指出："（裘锡圭）说汉字形成完整的文字体系约在夏商之际。他说的夏商之际，其实并
非通常认为的夏商之际，而是约公元前第三千纪的中期，也就是公元前 2500 年左右。"
此处的转述似乎弄混了汉字形成过程开始的时间和汉字形成完整的文字体系的时间。参
见李零《谁是仓颉？关于汉字起源问题的讨论》（上），《东方早报》2016 年 1 月 17 日
A06 版、A07 版特稿，转引自"考古汇"微信公众号，https://mp.weixin.qq.com/s/tk_
H4eG4tT_ AEZIG3Wb2Yg，访问时间：2025 年 5 月 31 日。
③ 许多学者以为汉字体系从开始形成到成熟需要很长时间（比如几千年），这种观点其实是
没有依据的。笔者认同郑也夫的这一观点："（文字系统的孕育和诞生）是一个漫长期和
一个短暂期之结合，前者是多种视觉符号形式（包括陶符）的呈现期，后者是文字系统
的初创时。即，超过总体百分之九十九的刀背做不足百分之一的刀锋的后身，尽管最终
为文明之旅开路的是刀锋。"参见郑也夫《文明是副产品》，北京：中信出版社，2015
年，第 111 页。
④ 宋衷注，秦嘉谟等辑《世本八种》，北京：中华书局，2008 年，第 36 页。注：王谟辑本，
该书各辑单本单独编页。
⑤ 王先谦：《荀子集解》卷第十五，沈啸寰、王星贤点校，北京：中华书局，2013 年，第
474 页。
⑥ 王先慎：《韩非子集解》卷第十九，钟哲点校，北京：中华书局，1998 年，第 450 页。
⑦ 许维遹：《吕氏春秋集释》卷第十七，北京：中华书局，2009 年，第 443 页。

鬼夜哭。"①《说文·叙》："黄帝之史仓颉，见鸟兽蹄迒之迹，知分理之可相别异也，初造书契。"②

那么，关于仓颉的传说是否可信呢？陈炜湛的这番话或许代表了多数人的看法："仓颉造字的神话传说，是唯心主义的英雄史观在文字起源问题上的表现，有点历史常识的当代读者中是不会有人相信的。"③ 不过，根据陈梦家的考证，"仓颉"二字并非向壁虚构，而是有所本的：

> 考《郑语》"商契能和合五教，以保于百姓者也"，商契连称，其音转而为仓颉，古音契、颉极近，而《尔雅·释鸟》"仓庚，商庚"，《夏小正》"二月有鸣仓庚，仓庚者商庚也"。《水经》"洛水出京兆上洛县讙举山"，注云："《河图玉版》曰：'仓颉为帝南巡，登阳虚之山，临于玄扈、洛汭之水，灵龟负书，丹甲青文以授之。'即此水也。"案上洛乃契之封地，而契为契刻字，古之书契皆刻于龟甲，故造字之仓颉之神话，托于契，托于契之封地，并托于龟甲也。④

也就是说，所谓"仓颉"其实就是商人的始祖商契。陈梦家发表这一观点的时间是1936年。数年后，他在昆明西南联大的课上再次谈到这个问题："为什么说商契造字呢？……大约帝王的名字与创制有关，譬如后稷是始种植的人，因为稷是禾名；又如夔是始作乐的，因

① 刘文典：《淮南鸿烈集解》卷第八，冯逸、乔华点校，北京：中华书局，2017年，第302页。
② 许慎撰，徐铉等校定《说文解字》第十五上，北京：中华书局，2013年，第316页上栏。
③ 陈炜湛：《汉字起源试论》，《中山大学学报》（社会科学版）1978年第1期，第69页。
④ 陈梦家：《商代的神话与巫术》，《陈梦家学术论文集》，北京：中华书局，2016年，第60页。

为甲金的夔字正象一个人持尾而舞。"① 在陈梦家看来，文字必不造于一人，仓颉造字的传说必不能信以为真，但这种传说也不会是毫无缘由的，它暗示文字乃商民族特有的文化。

陈梦家的这一推测似乎也能在《尚书》中找到佐证。据《尚书·多士》记载，周公曾代替成王向殷商的遗民旧臣训话，其中讲道："惟尔知，惟殷先人，有册有典，殷革夏命。"② 这句话有两种截然相反的解读。一种意见认为，这句话能够证明汉字是由殷商时期商民族发明的。郭沫若说："典与册是用文字写出来的史录，只有殷的先人才有，足见得殷之前是没有的了。"又说："《周书》上的周初的几篇文章，如《多士》、如《多方》、如《立政》，都以夏、殷相提并论，夏以前的事情全没有说到。就是说到夏、殷上来在详略上也大有悬殊，夏代只是笼统地说一个大概，商代则进论到它的比较具体的事迹。尤其是《无逸》与《君奭》两篇，叙殷代的史事，颇为详细，而于夏代则绝口不提。可见夏朝在周初时都是传说时代，而殷朝才是有史时代的。"③ 另一种意见却认为，这句话也可能说明在商代之前就已经有成熟的汉字了。黄德宽说："殷之'先人'能有'典册'，自然说明当时文字已发展到成熟阶段……将'惟尔知，惟殷先人，有册有典，殷革

---

① 陈梦家：《中国文字学》，北京：中华书局，2006年，第15页。朱自清在《经典常谈》中写道："仓颉究竟是什么人呢？照近人的解释，'仓颉'的字音近于'商契'，造字的也许指的是商契。商契是商民族的祖宗。'契'有'刀刻'的义；古代用刀笔刻字，文字有'书契'的名称。可能因为这点联系，商契便传为造字的圣人。事实上商契也许和造字全然无涉，但这个传说却暗示着文字起于夏商之间。这个暗示也许是值得相信的。"当代学者谭世宝读到朱自清的这段话，认为"此近人为谁待考，然其说很有启发"。就笔者所见资料来看，朱自清提到的"近人"应该就是陈梦家。参见朱自清《经典常谈》，北京：生活·读书·新知三联书店，2008年，第2页；谭世宝《苍颉造字传说的源流考辨及其真相推测》，《文史哲》2006年第6期，第31页。

② 郑玄注，孔颖达疏《礼记正义》卷第十六，龚抗云整理，王文锦审定，北京：北京大学出版社，2000年，第503页。

③ 郭沫若：《青铜时代》，郭沫若著作编辑出版委员会编《郭沫若全集·历史编》第1卷，北京：人民出版社，1982年，第317、318页。

夏命'完整地看，'有册有典'与'殷革夏命'是相关的，可以理解为典册中记载着'殷革夏命'这一史实，似乎也可理解为殷先人'有典有册'是因'革夏命'之故。……如按后一种理解，'殷革夏命'而'有册有典'，是成汤'占有'夏王朝的'典册'，而非殷'先人'自己作'典册'。"①

问题的关键在于怎么理解"惟尔知，惟殷先人，有册有典，殷革夏命"中的第二个"惟"字。这个字，郭沫若解作"只有"，黄德宽解作语气助词，今天的注释者和翻译者大多解作语气助词。② 那么，哪一种意见更准确呢？我们需要结合上下文才能做判断。这句话所在的段落如下（序号为笔者所加）：

> 王曰："①猷！告尔多士，予惟时其迁居西尔。非我一人奉德不康宁，时惟天命。无违，朕不敢有后，无我怨。②惟尔知，惟殷先人，有册有典，殷革夏命。③今尔又曰：'夏迪简在王庭，有服在百僚。'④予一人惟听用德，肆予敢求尔于天邑商。予惟率肆矜尔，非予罪，时惟天命。"③

在这段话里，①是一层，②③④是另一层。①的大致意思是，"将你们迁居西方，这是上天的旨意，你们不要违抗，也不要怨我"。②③④讲的是，"你们知道（只有）你们商族有文字记录，文字记录记载了殷革夏命后夏的遗臣继续留在商王室效劳的事情，你们以此为

---

① 黄德宽：《殷墟甲骨文之前的商代文字》，《中国文字学报》编辑部编《中国文字学报》（第1辑），北京：商务印书馆，2006年，第16页。

② 除郭沫若外，王世舜、王翠叶也将第二个"惟"字理解为"只有"。参见王世舜、王翠叶译注《尚书》，北京：中华书局，2012年，第248页。

③ 郑玄注，孔颖达疏《礼记正义》卷第十六，龚抗云整理，王文锦审定，北京：北京大学出版社，2000年，第503页。

理由也想继续留在周王室担任职务，但我最多只能赦免你们的罪过而绝不会任用你们，这是上天的旨意"。不难发现，如果将"惟殷先人，有册有典"的"惟"字作语气助词解，那么②就显得颇为多余；而如果作"只有"解，那么这一句便可以理解为殷商遗臣以自己独占文字记录及其解释权为资本向周王室提出要求。两相比较，后者显然更符合上下文意。这也就是说，周公当时也认为汉字是商民族发明并且长期独有的。

综上所述，汉字很可能是夏商之际的商民族发明的。[①] 当然，这一问题难免会面临"说有易，说无难"的困境，但在更可靠的证据出现之前，上述推论仍应该被优先考虑。

---

① 此处的"发明"指汉字形成完整的文字体系。

第二章

饕餮纹考释[*]

饕餮纹是商代青铜器上最重要的纹饰。汉学家吉德炜曾借同事的话说："如果你不懂饕餮纹的意义，那么你就没法理解商王朝。"[1] 孙作云则从正面指出："饕餮纹实为中国美术史与工业史上最重要之课题，饕餮纹之意义明，则中国古代美术史上诸多问题皆可大明；推而言之，为此种艺术根底之文化生活亦可藉以考知。"[2] 因此，饕餮纹是美学界、美术史界、考古学界等最为关注的早期文化母题之一。

随着商代考古资料的不断发现，商文明研究已经取得丰硕的成果，与此不相称的是，关于饕餮纹的诸多问题仍然有较大的讨论空间。一方面，当前关于饕餮纹内涵的假说均无法全面解释饕餮纹的所有特征。如果说过去的假说受资料匮乏等客观因素影响而给人一种"盲人

---

* 关于饕餮纹是否应改称兽面纹或其他名称，自现代考古学兴起之后一直有争议而无定论。笔者沿用"饕餮纹"之名，理由是：第一，"饕餮纹"一词的所指基本是明确的；第二，饕餮纹的内涵未必是饕餮已成为学界共识，使用"饕餮纹"之名并不会对本研究造成干扰；第三，既然饕餮纹的内涵尚无定论，那么改变其名称似乎也为时尚早。

① David N. Keightley, *Sources of Shang History: The Oracle-Bone Inscriptions of Bronze Age China*, Berkeley: University of California Press, 1978, p. 137.

② 孙作云：《饕餮考：中国铜器花纹中图腾遗痕之研究》，《孙作云文集》第 3 卷 ［中国古代神话传说研究（上）］，开封：河南大学出版社，2003 年，第 301 页。

摸象"的整体印象，那么今天的很多假说更像是采取了一种"指鹿为马"的叙事策略，也就是说，以偏概全的局面并没有得到真正的改变。另一方面，关于饕餮纹功能的认识还停留在较为初级的阶段。许多研究者对诸如"青铜器是权力的象征""饕餮纹很可能与原始宗教有关"之类的结论只是泛泛而谈，然而毋庸讳言，无论研究者使用的语言看上去多么"学术"，笼统的知识其实早已成为大众常识。由于没有在饕餮纹的内涵和饕餮纹的功能这两个核心问题上取得实质性突破，关于饕餮纹之命名、分类、溯源、影响等次要问题的种种争论究竟有何价值似乎也变得模糊了。

本章不采用学界流行的"形式→内涵→功能"（即先确定饕餮纹表示/像什么，再确定饕餮纹有什么用）的研究进路，而是直接考察形式和功能之间可能存在的联系，由形式的变化推断出功能的变化，进而推断出包括审美观念在内的意识形态的变化。尽管饕餮纹也存在于西周的青铜器上，但本章考察的主要是商代饕餮纹。

第一节　关于饕餮纹的既有假说

迄今为止，学界围绕商周饕餮纹的内涵和功能已提出多种观点。若以饕餮纹的内涵为纲，则现有的大多数观点不出以下三类：其一，认为饕餮纹表示的是饕餮（包括饕餮、蚩尤、龙）；其二，认为饕餮纹表示的是神（包括上帝、祖先神等）；其三，认为饕餮纹表示的是动物（包括现实动物和神话动物）。本节即据此框架对主要假说展开系统梳理并略作评论。

（一）认为饕餮纹是饕餮图像的假说

虽然"饕餮"一词早就见于先秦两汉文献，但明确将饕餮纹这类图像与文献中的饕餮联系起来实始于金石学初兴的北宋。时人以《吕氏春秋》"周鼎著饕餮"之说为主要依据，认为青铜器上的"兽面"就是饕餮图像，其作用在于告诫世人不要贪得无厌。吕大临《考古图》"癸鼎"（图2-1）后"案语"云：

> 癸鼎文作龙虎，中有兽面，盖饕餮之象。《吕氏春秋》曰："周鼎著饕餮，有首无身，食人未咽，害及其身。"《春秋左氏传》："缙云氏有不才子，贪于饮食，冒于货贿，天下之民谓之饕餮。""古者铸鼎象物，以知神奸。"鼎有此象，盖示饮食之戒。①

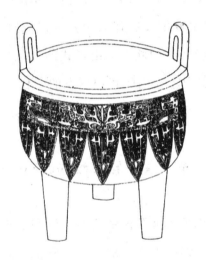

图2-1 《考古图》所绘癸鼎图像

资料来源：吕大临：《考古图》卷第一，文渊阁《四库全书》第840册，台北：台湾商务印书馆，1984年，第97页下栏。

又，黄伯思《东观余论》"周云雷罍说"下云：

---

① 吕大临：《考古图》卷第一，文渊阁《四库全书》第840册，台北：台湾商务印书馆，1984年，第98页。

此斝腹柱皆饰以云雷，柱则略为禾稼，腹则杂以饕餮。饕餮之为物，食人未尽，还啮其躯；又其目在腋下，《山海经》所谓"狍鸮"者，故多以饰之器之腋腹，象其本形，示为食戒。而杜预谓"贪财为饕，贪食为餮"，以此器观之，则是象非特为财与食之戒，亦以儆葬酒也。①

又，董逌《广川书跋》"一柱爵"下云：

秘阁有爵……饰以云雷，下为饕餮状。……至于饕餮，异兽也，以是文之尔。"贪财为饕，贪食为餮。"古之著戒至矣，不必以自食其身为太甚也。②

值得注意的是，宋代的金石学家纷纷提到青铜器上尚有一类表示蚩尤的图像。《考古图》"四足疏盖小敦"（图2-2）下云："耳为饕餮，足为蚩尤，亦著贪暴之戒。"③ 可知宋人认为饕餮、蚩尤并非一体。《广川书跋》"著尊"下云："又有兽傅翼而飞，或曰蚩尤之形也。榆刚蚩尤，铜头石额，飞空走险，故古之铸鼎象物，则必备之。或曰：蚩尤著贪暴之戒，不以此论也。锐喙决吻，数目顅腤，小体骞腹，古之所谓羽属，刻画祭器，以备制为荐，所以致饰也。"④ 可知宋人对蚩尤图像与饕餮图像是否起同种作用也存有分歧。

---

① 黄伯思：《东观余论》卷上，李萍点校，北京：人民美术出版社，2010年，第85页。
② 董逌：《广川书跋》卷第一，何立民点校，杭州：浙江人民美术出版社，2016年，第6、7页。
③ 吕大临：《考古图》卷第三，文渊阁《四库全书》第840册，台北：台湾商务印书馆，1984年，第140页下栏。
④ 董逌：《广川书跋》卷第一，何立民点校，杭州：浙江人民美术出版社，2016年，第12、13页。

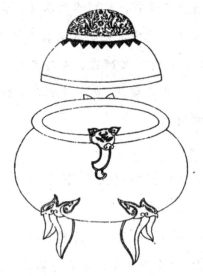

图 2-2 《考古图》所绘四足疏盖小敦图像

资料来源：吕大临：《考古图》卷第三，文渊阁《四库全书》第 840 册，台北：台湾商务印书馆，1984 年，第 140 页下栏。

20 世纪 30 年代，有学者开始怀疑，所谓饕餮就是蚩尤，青铜器上的饕餮纹其实就是蚩尤的图像。陈梦家在《商代的神话与巫术》长文中写道：

> 窃疑蚩尤即修蛇，《吕刑》："王曰若古有训，蚩尤惟始作乱，延及于平民，罔不寇贼，鸱义奸宄，夺攘矫虔，苗民弗用灵，制以刑，惟作五虐之刑曰法，杀戮无辜。"《墨子·尚同中》："逮至有苗之制五刑以乱天下……是以先王之书《吕刑》道之曰苗民否用练折以刑，惟作五杀之刑曰法。"《缁衣》引《吕刑》注曰："乃作五虐蚩尤之刑。"是皆以五刑为有苗之法而蚩尤制之，是蚩尤乃苗民之长，而《海内经》曰有人曰苗民其神为延维即委蛇，是蚩尤即委蛇亦即修蛇，故其字从虫。《左》宣五传谓夏时"铸

鼎象物，百物而为之备，使民知神奸"，杜注曰"图鬼物百物之形，使民逆备之"。宋以来皆以钟鼎所图怪兽为饕餮，唯《路史·后纪四·蚩尤传》"以故后代著其像于尊彝以为贪戒"，则以为是蚩尤；《路史》又曰"蚩尤，姜姓，炎帝之裔也"，而《左》文十八缙云氏不才子谓之饕餮，贾逵注"缙云氏，姜姓也，炎帝之苗裔"，是蚩尤与饕餮同为炎帝之裔；《尧典》"窜三苗于三危"，《释文》引马融云"三苗，国名也，缙云氏之后为诸侯，盖饕餮也"，又《淮南·修务》，高注"三苗，谓帝鸿氏之裔子浑敦，少昊氏之裔子穷奇，缙云氏之裔子饕餮，三族之苗裔，故谓之三苗"，是饕餮亦苗族，与蚩尤乃同族也，然则蚩尤其为饕餮与？①

陈梦家发现，文献记载中的饕餮和蚩尤皆为修蛇，皆为炎帝的后裔，亦皆为苗族，故而推测两者可能是同一实体。陈梦家之后，孙作云在《蚩尤考》《饕餮考》《说饕餮》《饕餮形象与饕餮传说的综合研究》等多篇文章中就"饕餮即蚩尤、饕餮纹乃蚩尤图像"的观点进行了既面面俱到又细致入微的考证和解释。他认为饕餮纹有两种互相关联的意义和表现形式：一种表示蚩尤，此类饕餮纹就是蚩尤的图像；另一种表示龙，此类饕餮纹与龙纹在属性上并无二致。这两者的关联在于，龙纹是蚩尤之族的图腾。在谈到饕餮纹的功能时，他摒弃了传统的道德警示说，认为其在夏代起到图腾的作用，在商周时期则是用作辟邪的畏兽图："初作此图之人为夏人，盖所以崇祀其图腾及先祖……夏亡国后，匠人奉事新朝，依样葫芦，乃失去图腾的宗教原义，

---

① 陈梦家：《商代的神话与巫术》，《陈梦家学术论文集》，北京：中华书局，2016 年，第76 页。

泛然降为一般的美术花纹，而兼有厌胜之用意，此即现存商初铜器上所见之饕餮花纹是也。"①

有研究者声称饕餮纹就是饕餮的图像"是近现代历史学家和考古学家们的共识"②，这不过是论者一厢情愿的想象。事实上，尽管孙作云的相关考证文章十分精彩，其在美术考古领域也享有崇高的宗师地位，③ 但孙作云的结论在当今学界受到了冷遇。究其原因，无论是古代的金石学家，还是孙作云，他们的立论基础和逻辑起点都是《吕氏春秋》的记载（"周鼎著饕餮，有首无身"），然而许多饕餮纹并不符合"有首无身"的形式特点。李济是最早质疑的学者之一。他在研究殷墟出土的青铜器的花纹时发现，过去所说的饕餮纹其实分为有首无身和有首有身两种类型。他将前者命名为"动物面"，将后者命名为"肥遗"（或"肥遗型动物面"）。④ 马承源更加明确地指出："在大量

---

① 孙作云：《饕餮考：中国铜器花纹中图腾遗痕之研究》，《孙作云文集》第 3 卷［中国古代神话传说研究（上）］，开封：河南大学出版社，2003 年，第 300 页。同时参见孙作云《蚩尤、应龙考辨：中国原始社会蛇、泥鳅氏族之研究》《蚩尤考：中国古代蛇氏族之研究·夏史新探》《说饕餮：旧作〈饕餮考〉的总结及补遗》《饕餮形象与饕餮传说的综合研究》，《孙作云文集》第 3 卷［中国古代神话传说研究（上）］，开封：河南大学出版社，2003 年，第 160—240、343—420 页。关于饕餮纹的功能，萧兵也发表过相似的意见。他说："（饕餮）是能够吞吃大量可食、不可食之物，恶凶邪魅也敢吃，那么，何不利用它来吃鬼、却敌、辟邪，震慑一切'文化他者'，以收'以毒攻毒，以暴制暴'之奇效呢？"参见萧兵《中国上古图饰的文化判读：建构饕餮的多面相》，武汉：湖北人民出版社，2011 年，第 4 页。

② 贺刚：《论中国古代的饕餮与人牲》，《东南文化》2002 年第 7 期，第 56 页。该文认为饕餮纹象征人牲，并以人祭行为被遏制来解释饕餮在西周中期后的没落。

③ 范毓周："孙作云先生用他渊博的学识和清新的理论方法，为我们开拓了一条重新认识考古发现所见的美术表现真实底蕴的可靠途径，在美术考古领域是一位卓有成就的奠基者。"韩鼎："饕餮纹以神秘莫测的形象千百年来吸引了无数学者去探索其真正含义，但为饕餮纹研究的发展起到实质性推动作用的学者却寥寥无几，而孙作云先生无疑是其中佼佼者。"参见河南大学历史文化学院编《孙作云百年诞辰纪念文集》，郑州：河南大学出版社，2013 年，"代序"第 15 页，正文第 52 页。

④ 李济：《殷墟铜器研究》，李济著，张光直主编《李济文集》卷四，上海：上海人民出版社，2006 年，第 455 页。李济一度将"动物面"解释为"《吕氏春秋》型的'饕餮'"，则他似乎并未完全排除"动物面"表示饕餮图像的可能。

的兽面纹中，有首无身都是在纹饰发展阶段中较晚的简略形式。殷墟中期以前绝大多数的兽面纹都是有首有身，说它们是饕餮纹，未免名实不符。"① 他认为使用"兽面纹"来指称这类图像更加妥当。自此之后，研究者几乎达成共识："饕餮纹"一词仅仅是习惯性符号，而与这类图像的实质无关。

本章第二节将会在方法论层面谈到，对"饕餮纹即饕餮图像"的批判其实并不如人们以为的那样滴水不漏、"理固宜然"。有些时候，研究起点欠妥并不等于结论一定是错误的。今天的研究者在彻底否定这类观点的同时，或许也错过了结论中合理的部分。

（二）认为饕餮纹是神之图像的假说

在抛弃了"饕餮纹即饕餮图像"的观点后，相当一部分学者认为饕餮纹表示的是被祭祀、被祈求的神。青铜礼器的用途（祭祀）和饕餮纹的形式特征（非写实）使得这一类的观点看上去顺理成章、不言自明。马承源便说："商周青铜器上的动物形主题纹饰，都不是世俗间的真实动物形象，而是人们幻想中的超自然神。那时人要祭祀百神，祈求天帝们的保护，为了对神的虔敬，于是在礼器上出现了这类神。"② 至于究竟是什么神，不同的学者有不同的看法。

林巳奈夫认为，商周饕餮纹是从河姆渡文化的太阳神那里"继承了传统而表现为图像的东西"。青铜器上的饕餮纹、其他附属（次要的）纹饰以及牺首之间存在等级秩序：装饰在青铜器主要位置的饕餮纹表示上帝，是统治者之"物"，等级最高；那些装饰在不显眼的角落，表示其他鬼神的附属（次要的）纹饰，是方国之"物"，等级较

① 马承源：《商周青铜器纹饰综述》，上海博物馆青铜器研究组编《商周青铜器文饰》，北京：文物出版社，1984 年，第 3 页。
② 马承源：《中国青铜艺术总论》，《中国青铜器全集》编辑委员会编《中国青铜器全集》第 1 卷，北京：文物出版社，1996 年，第 17 页。

低；而以圆雕形式呈现的牺首，"就图像表现来说，可以说是肉体化了的帝，或者说是在帝未抽象化前的凡世之'物'"——可能是下帝——其等级比统治者之"物"（上帝）要低，但比方国之"物"要高。[①]

杭春晓和黄厚明考虑到陈梦家指出的上帝"不享受生物或奴隶的牺牲"[②] 这一现象，一致认为饕餮纹象征的应该是商族的祖神而非上帝。不过，他们在饕餮纹的功能以及多样性成因的问题上存在某些分歧。

在杭春晓看来，饕餮纹起到沟通祭祀者与被祭者的作用。在整个祭祀的过程中，饕餮纹"或直接与所祀祖先相沟通，或代表祖先与上帝沟通，它是祖先亡灵之世界与现实生活之世界的沟通者"[③]。至于饕餮纹为什么会在商代后期呈现出多样化的特点，他认为主要源于制作工艺的变化发展，而饕餮纹的内涵之所以允许如此多样化的视觉体现，则又是源于概念的"模糊性"：

> 首先从神性上说，商人的祖神与帝神同源于生殖崇拜，在运用中常有混淆，这表明祖神在指向上并非严格，它的意义可以根据具体的情况来定夺，在概念上具有一定的模糊性，从而也就使得描绘他的方式也不会有着非常严格的形象规定。且祖神在某些

① 林巳奈夫：《所谓饕餮纹表现的是什么：根据同时代资料之论证》，樋口隆康主编《日本考古学研究者·中国考古学研究论文集》，蔡凤书译，东京：东方书店，1990年，第135—204页。

② 陈梦家：《殷虚卜辞综述》，北京：中华书局，1988年，第580页。朱凤瀚："殷墟卜辞资料至今确没有发现明显的祈求于帝与祭帝的卜辞。"又，伊藤道治："帝是独立于祭祀之外的，超越祭祀而行动的。"参见朱凤瀚《商人诸神之权能与其类型》，吴荣曾等：《尽心集：张政烺先生八十庆寿论文集》，北京：中国社会科学出版社，1996年，第71页；伊藤道治《中国古代王朝的形成：以出土资料为主的殷周史研究》，江蓝生译，北京：中华书局，2002年，第5页。林巳奈夫其实也注意到了这一点。

③ 杭春晓：《商周青铜器之饕餮纹研究》，北京：文化艺术出版社，2009年，第119页。同时参见承杰《商周青铜器饕餮纹的图式与功能》，《南京艺术学院学报》（美术与设计版）2004年第1期，第42页。

情况下就代表了帝神，而帝神属于至上神，是不可感知的，因而也就无形可拘，这便自然地使它在形式的表现上产生了多变的空间；并且，即使是祖神，因为祖先形象的存在而显得较为有形，但由于神话传说对祖先的不断篡改与虚幻，也使得它在形式表现的要求上不会形成非常固定的模式。它会因为祖先不同的传说，或不同祖先的传说而有所变化，也就自然地使它在形态的表现手法上留下很大的空间。那么，这种空间的存在便为上述形式感变化得以保留并发展提供了理论空间，也就是说作为祖神意义的饕餮纹在观念上是允许多种视觉表现方式的。[①]

如果说杭春晓着眼于饕餮纹在宗教仪式（巫术）中的具体作用，那么黄厚明的出发点则是饕餮纹在现实政治中扮演的角色。他认为饕餮纹在商代后期变得多样化是商族使用宗教手段统合各部族的结果：

从现实的因素看，殷墟期是殷王国的鼎盛期，势力的扩张必然意味着统治疆域的扩大。在这种情形下，旧有的信仰体系和文化传统不免要面临着不同部族文化传统的挑战，特别是殷王国国力不逮或受到方国强有力的挑战之下，文化的整合就更显得重要和迫切。……为了达求这种精神世界的和谐与一统，殷王国既要能够保持自身文化的权威性，又要统摄并兼顾它文化信仰世界的合法性。这就要求代表和象征殷王国世俗与宗教权力的饕餮祖神像，必须与其他信仰体系的象征图式之间保持一个适度的张力。无疑，在饕餮纹中注入一些其他文化的神像造型因素，不仅可以

①　杭春晓：《商周青铜器之饕餮纹研究》，北京：文化艺术出版社，2009年，第128、129页。

拉近与其他部族的文化心理距离，而且也可以更好地在多元同一的宗教形态下维护现实王权的合法统治。[①]

也有学者认为，饕餮纹的象征意义并不是非此即彼，只能在上帝和祖先神之间"二选一"的。据段勇推断，饕餮纹兼具三重含义。其一，饕餮纹的原型是牛、羊、豕等祭牲。"在礼器上刻画牛、羊、豕的形象，犹如后世在食钵上绘五谷、水盆中绘鱼藻。"其二，饕餮纹也是祖先和众神的象征。"当人们在祭祀仪式上面对礼器祭告祖先、神祇时，直接承受人们膜拜的，正是这些青铜礼器、器上以兽面纹为主体的'百物'纹饰及器内的祭牲。……这种一方面是奉献之牺牲，另一方面又是受祭之对象的双重地位，正是商、周青铜器兽面纹的又一属性。"其三，饕餮纹最终应该是帝的象征。"商、周祭祀的直接对象虽是祖先和众神，但间接和最终的告求对象应是林巳奈夫所说的'帝'……因此，兽面纹的终极象征也应是'帝'（上帝）。"[②]

此外，丁山认为饕餮纹表示能疗毒辟邪的吉祥神，[③] 李先登认为饕餮纹是九州各地自然神（包括善神与恶神）的形象，[④] 如此种种，不一而足。

目前，学界对这类假说的批评还不是很多，即使是持不同意见的研究者，似乎也默认其具有"暂备一说"的资格。实际上，此类假说大有可商。

---

① 黄厚明：《商周青铜器纹样的图式与功能：以饕餮纹为中心》，北京：方志出版社，2014年，第162、163页。

② 段勇：《商周青铜器幻想动物纹研究》，上海：上海古籍出版社，2012年，第147—156页。段勇所说的第一层意思本属于本节所列的第三类假说。笔者为行文方便，不再做拆分介绍。

③ 丁山：《中国古代宗教与神话考》，上海：上海书店出版社，2011年，第295—308页。

④ 李先登：《浅析商周青铜器动物纹饰的社会功能：以晚商周初兽面纹为例》，《中原文物》2009年第5期，第48—53页。

正如研究者所反复强调的，饕餮纹主要出现在用于祭祀的青铜礼器（图2-3）上。这些青铜器具，有些是用来盛放食物的（比如簋、豆、盂），有些则是用来烹煮食物的（比如甗），有些兼作两用（比如鼎、鬲）。就那些可用来烹煮食物并装饰了饕餮纹的青铜器而言，如果饕餮纹表示的是被祭祀、被祈求的神，那么势必会产生令人不安的结果：在食物由生变熟的同时，神也正被架在火上炙烤！毫无疑问，这在绝大多数的文化中都被视为对神灵莫大的不敬。这里需要补充两点：第一，许多学者已经指出，有些商周青铜器的底部的确有烟炱的痕迹；[①] 第二，即使这些青铜礼器在祭祀过程中均未真的用于加热——这当然不是事实——在商人的惯性思维中，其日常功用仍然使得器身上的饕餮纹（及其所象征的"物"）时刻面临被炙烤的风险。同样的道理，铙是一种打击乐器，商代的青铜铙，有的也装饰了饕餮纹。如果饕餮纹表示的是令人敬畏的神，商人又怎么会，或者说怎么敢在它的上面敲敲打打呢？

由此不难推想，持此类假说的研究者在解释具体现象时很难不陷入左支右绌的困境。比如，杭春晓在论述饕餮纹的内涵时已将上帝排除在外，但为了解释饕餮纹的多样性，他又将上帝拉了回来，声称"帝神属于至上神，是不可感知的，因而也就无形可拘"。为了化解这种自相矛盾，[②]

---

① 孙机指出："发掘出土的爵，如郑州白家庄、铭功路等地商墓所出者，底部皆有烟炱，走过场烧不成这个样子。而且有些爵的结构还特别拢火。"那么为什么要给爵中的酒加热呢？他认为这并不是为了给人饮用的——因为"不仅一爵一爵地烧起来太麻烦，而且烧过之后，爵的金属壳滚烫，亦碍难接唇就饮"——而是为了让酒的香气更加浓烈，以便于鬼神享用。参见孙机《说爵》，《文物》2019年第5期，第41~47页。

② 段勇似乎认为这种自相矛盾是没有关系的，所以在他的结论中，饕餮纹既象征祭品，又象征享用祭品的神，并最终象征上帝。事实上，他明显过度发挥了"祭品神圣化"的理论，一头被献祭给祖先神的猪是无论如何都不可能与上帝平起平坐的。昂利·于贝尔（Henri Hubert）和马塞尔·莫斯（Marcel Mauss）在讨论献祭的性质与功能时曾经指出："'献祭'（sacrifice）一词立刻让人想到圣化（consecration）的观念，人们很容易把两者等同起来。毫无疑问，献祭总是意味着圣化；在每一次献祭中，祭品从日常世界进入宗教领域；它被圣化了。"参见 Henri Hubert and Marcel Mauss, *Sacrifice: Its Nature and Function*, translated by W. D. Halls, Chicago: The University of Chicago Press, 1964, p. 9。

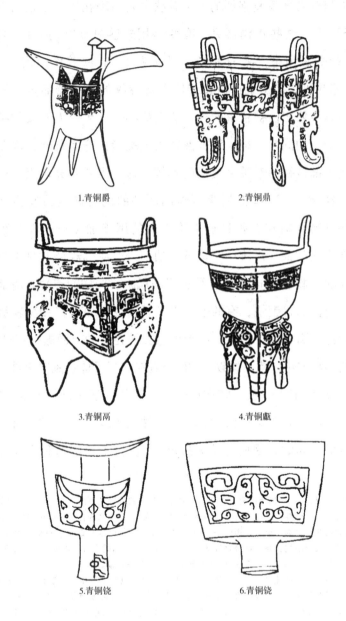

1.青铜爵　　　　　　2.青铜鼎

3.青铜鬲　　　　　　4.青铜甗

5.青铜铙　　　　　　6.青铜铙

图 2-3　饰有饕餮纹的商代青铜器

资料来源：马承源主编《中国青铜器》（修订本），上海：上海古籍出版社，2003 年，第 163、83、101、108、274 页。

杭春晓以上帝和祖先神具有部分相同的权威为由，判定两者"在概念上具有一定的模糊性"，这使得饕餮纹看上去像是披着上帝外衣的祖先神。然而矛盾并没有真正被化解，因为功能重叠其实并不能推导出概念模糊的结论——苹果和牛肉都能用来充饥，但没有人会分不清哪一个是苹果，哪一块是牛肉。

　　黄厚明采用的解释思路在此之前已经流行于汉学界。赤塚忠考察了三十件商周青铜礼器上的龟与龙图像，推测龟与龙同见于一器之上反映了不同氏族的不同信仰的联合。他认为商代宗教融合了此前所有氏族与集团的信仰，从而使它们能够和睦相处。[①] 白川静也认为："（青铜器上的图像）与氏族名不同，被用于作为与王朝关系的表示。假如其图像在王朝的秩序中视作全体而具有几许意义，也就是作为体系而存在的话，那么，图像应该具有表示王朝与氏族关系之意义才是。……如此的图像体系是以王朝与诸氏族的政治关系作为基础社会

---

① 赤塚忠：《中国古代の宗教と文化：殷王朝の祭祀》，转引自杨晓能《另一种古史：青铜器纹饰、图形文字与图像铭文的解读》，唐际根、孙亚冰译，北京：生活·读书·新知三联书店，2017 年，第 57 页。吉德炜受赤塚忠启发，也曾从这一角度分析商代社会。他说："商王朝是由诸族（或部落）联盟而成，王族控制着神权并不断使神权合法化，其手法包括'帝'和王族祖先的庇佑，通过宗教的整合与概括、编造神话，将先前曾独立存在的氏族团体所拥有的各自的'族神'（有时候为杜撰的某祖先）吸收到商王族的祖先世系和商王的祀谱中，或者展示商王占卜未来的能力和通过贞人影响神灵（特别是掌控降雨和年成的神灵）意志的能力等等。这种众神殿堂的形成既以商王室的政治为基础，同时又巩固了商王室与其诸多部族之间的政治安排和秩序。""如果，照卜辞所揭示的，商王国产生于一个由众多独立团体组成的联盟，当这些团体领导者加入商联盟的时候，他们的庇护神灵被吸收到商王室的祖先世系或礼制结构中，那么商王应该曾经到过这些地方，并以某种具有象征意义但意味深长的方式，如向地方神灵供奉祭祀，在各个圣地授予或接收权力，由此加强与各地的宗教和血缘关系（不管是否为杜撰的），正是这种关系将商和各团体凝聚到一起成为商王国。"参见 David N. Keightley, "Akatsuka Kiyoshi and the Culture of Early China: A Study in Historical Method," *Harvard Journal of Asiatic Studies*, Vol. 42 (1982), No. 1, p. 271; David N. Keightley, "The Late Shang State: When, Where, and What?", in David N. Keightley ed., *The Origins of Chinese Civilization*, Berkeley, Los Angeles, and London, 1983, pp. 523, 552. 转引自杨晓能《另一种古史：青铜器纹饰、图形文字与图像铭文的解读》，唐际根、孙亚冰译，北京：生活·读书·新知三联书店，2017 年，第 364、365 页。

的状态来表示的东西。"① 此外，林巳奈夫的观点（所谓统治者之"物"与方国之"物"）也暗含了类似的意思。如果往前追溯，我们不难发现这一解释思路与闻一多在《伏羲考》中关于龙的解释思路如出一辙，② 显而易见，它的背后是西方图腾理论。但正如施爱东所指出的，"西方人类学家所观察到的图腾主义，都只存在于小规模的个人、家族、族群之间，根本不适用于'华夏民族'这么庞大的社会群体"，"图腾概念的兴起和泛滥，是西方早期人类学者种族优越感的一种表现。与早期的冒险家和旅行家一样，许多西方人喜欢夸张地描述自己的异文化体验，进而夸大异文化的'怪异'特征。虽然在客观上为我们呈现了一幅多样性的世界图景，但也暴露了他们将自己的文化视作文明标准，而将异文化置于异教徒、低等种族的'异己'心态"③。换个角度看，如果青铜礼器上的纹样真的融合了不同部族的神像，那么我们应该可以借助统计学的方法或通过分析带有铭文（族徽）的青铜器，将纹样和族名一一对应起来才是。④ 遗憾的是，采取这种解释进路的学者似乎从未在这个方向上努力过，因而不仅未能避免纸上谈兵的尴尬，同时也错过了自我审查的良好契机。

---

① 白川静：《中国古代文化》，加地伸行、范月娇译，台北：文津出版社，1983 年，第 238、239 页。

② 闻一多："龙究竟是个什么东西呢？我们的答案是：它是一种图腾（Totem），并且是只存在于图腾中而不存在于生物界中的一种虚拟的生物，因为它是由许多不同的图腾糅合成的一种综合体。……龙图腾，不拘它局部的像马也好，像狗也好，或像鱼、像鸟、像鹿都好，它的主干部分和基本形态却是蛇。这表明在当初那众图腾单位林立的时代，内中以蛇图腾为最强大，众图腾的合并与融化，便是这蛇图腾兼并与同化了许多弱小单位的结果。"闻一多：《伏羲考》，孙党伯、袁謇正主编《闻一多全集》第 3 册，武汉：湖北人民出版社，1993 年，第 79、80 页。

③ 施爱东：《中国龙的发明：近现代中国形象的域外变迁》，北京：九州出版社，2024 年，第 312、329、330 页。

④ 罗森指出："（饕餮纹的角、耳、眼和爪等）变化特征的使用并不呈现出一种固定的组合，那样的话，我们就能推断出某一特定的组合表明了某种生灵或某一神祇。"笔者认为罗森的思路和结论是正确的。参见罗森《中国古代的艺术与文化》，孙心菲等译，北京：北京大学出版社，2002 年，第 102 页。

在这里，笔者特别想要强调的是，尽管商周青铜礼器用于宗教活动，但与良渚玉琮等不同，这些器具大多源自日常生活。在原本是实用器的青铜器上装饰饕餮纹，无论动机是什么，本质都是青铜器的制作者在支配这种纹饰及其象征的对象。从殷墟卜辞所见商人对上帝、祖先神、自然神诚惶诚恐、毕恭毕敬的态度看，饕餮纹几无任何可能表示被祭祀、被祈求的神。

（三）认为饕餮纹是动物图像的假说

"饕餮纹是动物图像"是另一类颇为流行的假说。所谓动物图像，具体又分为两种：一是现实世界的动物，二是神话世界的动物[①]。

尽管大多数饕餮纹并不写实，但仍有不少学者相信饕餮纹表示的是现实世界的动物。陈梦家最初从文献出发，推断饕餮纹可能是蚩尤（饕餮）像，但在牛方鼎和鹿方鼎出土后，他转而认为，"自宋以来所称为'饕餮文'的，我们称为兽面文的，实际上是牛头文"[②]。李泽厚则以现代民俗学对我国西南少数民族的调查结果为依据，认为饕餮纹表示当时巫术宗教仪典中的圣牛。他说，作为原始祭祀礼仪的符号标记，饕餮纹"在幻想中含有巨大的原始力量，从而是神秘、恐怖、威吓的象征"，"具有肯定自身、保护社会、'协上下'、'承天休'的祯祥意义"[③]。

也有许多学者主张饕餮纹表示的是先民想象出来的神话动物。李学勤在他影响深远的《良渚文化玉器与饕餮纹的演变》一文中提出，良渚文化的神人兽面纹和商周饕餮纹有着非常密切的联系。他认为，良渚神人兽面纹"图像中的兽，即龙，本来是神话性的动物，

---

① 本节所列第一类假说中，孙作云也提到饕餮纹与龙的关系。但孙作云讲的龙真正的含义是蚩尤（饕餮），而第三类假说中所说的龙仅指龙这种神话动物。

② 陈梦家：《殷代铜器》，《陈梦家学术论文集》，北京：中华书局，2016年，第410页。

③ 李泽厚：《美的历程》，北京：生活·读书·新知三联书店，2009年，第37、38页。

是古人神秘信仰的体现，同时又是当时正在逐渐形成、增长的统治权力的象征"①，并引饕餮为龙之一种的后世传说②作为旁证。所以，虽然李学勤在这篇文章中没有直接点明商周饕餮纹表示什么，但我们根据行文的逻辑，可以推测出他的意见。相比而言，李零的意见直截了当。他认为饕餮纹是商周龙纹的面部特写，两者属于同一大类。③

张光直同意饕餮纹所表示的动物并不是真实存在的，但又强调它"明显是从牛、羊、虎、爬行动物等自然界实有的动物转化而成的"。他广泛征引《国语·楚语》中关于"绝地天通"的记载、《左传》中关于"用能协于上"的记载④、《山海经》中关于"四方使者"的记载以及关于萨满教的记述等多方面资料，认为饕餮纹是"协助巫觋沟通天地神人"、帮助巫觋"'飞'往祖先或神灵世界"的动物助手的形象。⑤

① 李学勤：《良渚文化玉器与饕餮纹的演变》，《东南文化》1991 年第 5 期，第 44 页。
② 《玉堂丛语》："俗传龙生九子不成龙，各有所好。……一曰赑屃，形似龟，好负重，今石碑下龟趺是也。二曰螭吻，形似兽，性好望，今屋上兽头是也。三曰蒲牢，形似龙而小，性好叫吼，今钟上纽是也。四曰狴犴，形似虎，有威力，故立于狱门。五曰饕餮，好饮食，故立于鼎盖。六曰蚣蝮，性好水，故立于桥柱。七曰睚眦，性好杀，故立于刀环。八曰金猊，形似狮，性好烟火，故立于香炉。九曰椒图，形似螺蚌，性好闭，故立于门铺首。"参见焦竑《玉堂丛语》卷第一，北京：中华书局，1981 年，第 25、26 页。关于"龙生九子"传说由来，可参见吉成名《"龙生九子不成龙"一说的由来》，《东南文化》2004 年第 4 期，第 91、92 页。
③ 李零：《说龙，兼及饕餮纹》，《中国国家博物馆刊》2017 年第 3 期，第 65—68 页。
④ 《左传·宣公三年》："楚子伐陆浑之戎，遂至于雒，观兵于周疆。定王使王孙满劳楚子。楚子问鼎之大小、轻重焉。对曰：'在德不在鼎。昔夏之方有德也，远方图物，贡金九牧，铸鼎象物，百物而为之备，使民知神、奸。故民入川泽、山林，不逢不若。螭魅罔两，莫能逢之，用能协于上下，以承天休。……'"参见左丘明传，杜预注，孔颖达正义《春秋左传正义》卷第二十一，浦卫忠等整理，杨向奎审定，北京：北京大学出版社，2000 年，第 693、694 页。这段文字很可能是关于青铜器的最早的记载，因而备受研究者重视。事实上，在解释饕餮纹的功能时，持不同意见的研究者似乎都能从中找到依据：《吕氏春秋》的作者提出道德警示说可能跟"在德不在鼎"有关，张光直的巫觋说着眼于"用能协于上下，以承天休"，图腾说及其衍生观点的支持者尤其重视"远方图物"，而"螭魅罔两，莫能逢之"则是辟邪说的重要论据之一。
⑤ 张光直：《美术、神话与祭祀》，郭净译，北京：生活·读书·新知三联书店，2013 年，第 47—73 页。同时参见张光直《濮阳三蹻与中国古代美术上的人兽母题》《商周神话与美术中所见人与动物关系之演变》《商周青铜器上的动物纹样》《中国古代艺术与政治：续论商周青铜器上的动物纹样》，《中国青铜时代》，北京：生活·读书·新知三联书店，2013 年，第 328—335、409—481 页。

韩鼎也认为饕餮纹表示的是动物。他采取的解释进路别具一格：先从饕餮纹中辨识出各个"器官"的现实来源，然后将这些来源分为"牛、羊、猪、鱼等"和"蛇、虎、鸟等"两类，进而指出前者是祭牲，后者是张光直所言巫觋的动物助手——在张光直的论述中，祭牲也是巫觋的动物助手——两者"都充当了一种沟通人神的媒介手段"，最后再次回到饕餮纹本身，得出饕餮纹"最主要任务就是协调人神关系"的结论。[①]

我们应该承认，饕餮纹的确既有现实动物的元素，同时也有幻想动物的元素，这一类假说必然有其合理的成分。但上述观点无一例外地都面临难以将两者统一起来的困境：说饕餮纹是祭牲，那么该如何解释明显具有龙纹特征的那类饕餮纹？说饕餮纹是龙纹，那么该如何解释以牛角、羊角为构件的那类饕餮纹？[②] 献祭给神的食物何以会成为帮助巫觋"飞升"的助手？[③] 将不同用途的动物的器官融于一图的目的又是什么呢？

本节的分析表明，尽管学者们纷纷意识到"任何理论，要想解释商周青铜器上动物装饰的意义，就应该解释它的全部特征，而不只是其中的部分特征"[④]，但遗憾的是，目前的所有假说（本节所列举的只是其中的一部分）都很难做到这一点。

---

① 韩鼎：《饕餮纹多变性研究》，《中原文物》2011 年第 1 期，第 53—60 页。

② 李零对此进行了解释，但似乎不够有说服力。他说："饕餮纹的角，主要分三种，一种是棒槌角，一种是牛角，一种是羊角。……这些角，棒槌角属于龙角，牛角和羊角是它的变形。"参见李零《说龙，兼及饕餮纹》，《中国国家博物馆馆刊》2017 年第 3 期，第 66 页。

③ 对张光直观点的批评，可以参见艾兰《早期中国历史、思想与文化》（增订版），杨民等译，北京：商务印书馆，2011 年，第 228 页；萧兵《中国上古文物中人与动物的关系：评张光直教授"动物伙伴"之泛萨满理论》，《社会科学》2006 年第 1 期，第 172—179 页。

④ 张光直：《美术、神话与祭祀》，郭净译，北京：生活·读书·新知三联书店，2013 年，第 53 页。此处使用的是艾兰转引的译文，参见艾兰《龟之谜：商代神话、祭祀、艺术和宇宙观研究》（增订版），汪涛译，北京：商务印书馆，2010 年，第 153 页。

第二节　饕餮纹研究的方法论

正如杨晓能所感叹的,"时至今日,几乎所有可能的假说模式,包括道德观的,象征(符号)学的、巫术的、神话学的、意识形态的、图腾信仰的、萨满文化的或偶像标志的,都已被运用来释解青铜器纹饰的含义。但问题很清楚,我们缺乏的仍然是广泛认可又切实可行的研究理论与途径"[①]。但研究者也无须气馁。或许,对于饕餮纹这样的上古史难题,我们的目的本来就不应该是彻底揭开谜底,而应该是提出更加科学、更加合理的解释。而要做到"更加科学、更加合理",就必须先在方法论层面进行全面的反思。

(一)古代文献可信吗?

关于中国古代文献能不能用于饕餮纹研究,海外汉学家的意见是比较坚决的:不能。高本汉(Bernhard Karlgren)在 1951 年就已经指出,过去对饕餮纹的研究有明显不确切之处,因为这些研究使用的最早的文献资料也比饕餮纹形成的时代要晚得多。[②] 林巳奈夫也强调:"把关于战国时代的饕餮传说推溯到殷到西周前期是否得当是很成问题的。《吕氏春秋》在谈及饕餮时用同样的口气记述了周鼎上装饰有象、倕、窃曲、鼠等情况,然而与这些相应的纹饰在迄今所知的任何殷周青铜器上都没有发现。这让人觉得《吕氏春秋》上这个关于饕餮

---

① 杨晓能:《另一种古史:青铜器纹饰、图形文字与图像铭文的解读》,唐际根、孙亚冰译,北京:生活·读书·新知三联书店,2017 年,第 64 页。

② Bernhard Karlgren, "*Notes on the Grammar of Early Bronze Décor*," *BMFEA*, No. 23, p. 1. 转引自林巳奈夫《所谓饕餮纹表现的是什么:根据同时代资料之论证》,樋口隆康主编《日本考古学研究者·中国考古学研究论文集》,蔡凤书译,东京:东方书店,1990 年,第 135 页。

的传说的根据非常值得怀疑。"①

　　相比而言，中国学者的态度要复杂一些。在马承源等前辈指出饕餮纹并非饕餮像之后，部分学者仍然坚持认为先秦文献是可靠的依据乃至唯一的研究起点。贺刚认为："一个确凿的事实是，现今所见距今约四千年以前可断为饕餮的图像，均是'有首无身'的。这与饕餮传说的时间关系是吻合的。"② 聂甘霖认为，"《吕氏春秋》关于彝器的纹饰寓有'道德教化、垂训后世'意义，仍然应该是认识这类艺术形式的出发点"，因为"吕不韦及其门客所生存的战国末年，去古不远，仍是钟鼎彝器在社会生活中居于重要地位的时代，他们的说法自然应该具有相当大的权威性"。③ 萧兵一方面承认《左传》《吕氏春秋》的成书年代太晚，一方面又颇为无奈："但是，有什么办法呢？……能说些什么就说什么吧。认知是非绝对和无止境的。材料更有限制，我们只能选择较为可靠而且'近古'者。……如果一定要求'当时当地'的记载或说明，恐怕我们就什么事情都不能做了。"④ 大部分学者则接受了饕餮纹必定不是饕餮像的论断。比如，韩鼎在谈论早期艺术研究中的文献使用问题时说："现在我们之所以仍称这种兽形纹饰为饕餮纹，只是沿用约定俗成的旧称而已，但每一个使用此名称的研究者都应明确：兽形纹和'饕餮'之名的对应关系只能追溯到宋代，商周先民如何称呼这一纹饰目前仍不得而知，但不会是'饕餮'，因为

① 林巳奈夫：《所谓饕餮纹表现的是什么：根据同时代资料之论证》，樋口隆康主编《日本考古学研究者·中国考古学研究论文集》，蔡凤书译，东京：东方书店，1990 年，第135 页。
② 贺刚：《论中国古代的饕餮与人牲》，《东南文化》2002 年第 7 期，第 51、52 页。
③ 聂甘霖：《浅析商周青铜器上的动物纹样：兼评张光直先生的"萨满通灵说"》，《北方文物》2003 年第 1 期，第 53 页。该文又刊于《考古与文物》2003 年第 2 期，第 32—38 页。
④ 萧兵：《中国上古图饰的文化判读：建构饕餮的多面相》，武汉：湖北人民出版社，2011年，第 12 页。

饕餮'有首无身'，而绝大多数饕餮纹均有身躯（兽首形饕餮纹只是将身躯省略了，但两者仍是同一类纹饰）。"① 由此得出的结论，自然是关于饕餮的任何文献资料都不应该被用于饕餮纹的研究——这俨然已成为饕餮纹研究中最重要的禁忌。

然而，研究者们没有意识到，认为饕餮纹必定不是饕餮像的观点，正是建立在无理由地选择性信任古代文献的基础上的。让我们重新审视《吕氏春秋》中那句被反复征引的话："周鼎著饕餮，有首无身，食人未咽，害及其身，以言报更也。"② 这句话主要包含了三个命题：第一，青铜器上绘铸有饕餮像；第二，饕餮像是有首无身的；第三，青铜器上的饕餮像起道德警示的作用。今天的主流意见相当于判定：第二个命题是真命题，第一个命题和第三个命题是假命题。③ 但问题在于，判定第二个命题为"真"的依据是什么呢？持主流意见的学者恐怕很难作出回答。事实上，完全存在这样一种可能：第一个命题为"真"，第二个命题为"假"，亦即青铜器上的确绘铸有饕餮像，饕餮像并不（都）是有首无身的。

由此可知，认为饕餮纹必定是饕餮像的观点固然是可疑的，但认为饕餮纹必定不是饕餮像的观点同样站不住脚。就研究方法而言，我们既不应将关于饕餮的文献记载作为研究起点或强证据使用，也不应轻易地一概否定由文献记载得出的结论，"把洗澡水连同孩子一起倒掉"。

（二）溯源研究有效吗？

在认识到"以后证前"的问题后，研究者越来越倾向于采用溯源

---

① 韩鼎：《早期艺术研究中的文献使用问题》，《形象史学研究》2016 年第 1 期，第 4 页。
② 许维遹：《吕氏春秋集释》卷第十六，北京：中华书局，2009 年，第 398 页。
③ 笔者认同第三个命题必定为"假"。从《吕氏春秋》的文献性质以及"周鼎著饕餮"的上下文语境来看，其作者显然是在用晚周的价值观来解释绘铸青铜器纹饰的目的，而我们几乎可以确定，早商和晚周（相隔超过 1300 年）的主要意识形态有很大的变化。

的方法（亦即"以前证后"）来分析商周饕餮纹的含义。

1986年，完整的良渚神人兽面纹（图2-4）在杭州余杭反山被发现。林巳奈夫、张光直、艾兰、李学勤等众多学者都认为良渚文化的兽面与商周的饕餮纹有着密切的联系。其中，以李学勤的观点最具体也最"激进"。李先生在《良渚文化玉器与饕餮纹的演变》一文中指出，良渚神人兽面纹中的兽面和商周饕餮纹至少在八个方面具有共同点或相似点：（1）两者均以兽面为主体；（2）良渚的兽面没有角，二里岗①期饕餮纹也大多没有角；（3）良渚兽面的眼睛为卵圆形，二里岗期饕餮纹的眼睛也大多近于卵圆形；（4）有些良渚兽面的口部是朝下的，绝大多数饕餮纹的口部也是朝下的；（5）良渚兽面有可视为玉冠的凸起部分，饕餮纹一般也有这样的部分；（6）两者的两侧均有衬托的花纹；（7）两者均采用"整体展开"【笔者按：既表现为物体正面的形象，也表现物体的两个侧面】的表现手法，且兽爪都是向内的；（8）两者多普遍填以云雷纹或用云雷纹衬地。李先生据此认为，两者"固然不是彼此直接承袭的"，但"显然有着较密切的联系"。又说："商代继承了史前时期的饕餮纹，这不仅是沿用了一种艺术传统，而且是传承了信仰和神话，这在中国古代文化史的研究上无疑是很重要的问题。"② 此后，杭春晓和黄厚明试图通过勾画良渚文化的传播路径来坐实李学勤的结论。黄厚明说："良渚鸟祖神像演变为商周饕餮

---

① 二里岗一直并存"二里冈""二里岗"两种写法，比如：《郑州二里冈》考古发掘报告的封面和版权页均写作"二里冈"，而内容页则写作"二里岗"；马承源在《商周青铜器文饰》一书中写作"二里冈"，在《中国青铜器全集》中则写作"二里岗"。目前，二者仍然存在混用的情况。关于这一问题的来龙去脉，可以参见吴伟、杜鹃《论考古学史上的二里冈与二里岗之争》，"文博中国"微信公众号，https：//mp.weixin.qq.com/s？__biz=MjM5ODI3NzkzOQ==&mid=2651634621&idx=2&sn=f752929a7bc7e659415af9fd9fa4b8ad&chksm=bd353de18a42b4f735a188bc12cc355badfc72c491fbe86a5acd8fe9212df18adcf7e5c32318&scene=27，访问时间：2025年5月31日。笔者写作"二里岗"，直接引文则按照原作者（译者）的写法。
② 李学勤：《良渚文化玉器与饕餮纹的演变》，《东南文化》1991年第5期，第42—48页。

纹，不仅具有连续有序、清晰可辨的文化传播路线，接受和传播良渚
鸟祖神像的不同文化共同体亦具有和良渚部族大致相同的宗教传统及
社会结构形态。"① 他以此来说明商周饕餮纹原原本本地继承了良渚纹
饰的文化象征母题。

图 2-4　完整的良渚神人兽面纹

资料来源：浙江省文物考古研究所：《反山》上册，北京：文物出版社，2005
年，图 38。

当然，并非所有学者都接受这种意见。周苏平、张懋镕认为商周
饕餮纹的主要来源是河南和山东的龙山文化，"尽管它在形成过程中
吸取了良渚文化的某些因素，但这些因素不占主导地位"②。李先登认
为商周饕餮纹含有多种神秘动物纹，显然是多元的，"那种认为兽面
纹源起于某一个考古学文化的观点显然是不合乎古代历史实际的"③。
邱诗萤、郭静云发现，良渚神人兽面纹中的兽面和商周饕餮纹在整体

① 黄厚明：《商周青铜器纹样的图式与功能：以饕餮纹为中心》，北京：方志出版社，2014
年，第 117 页。同时参见杭春晓《商周青铜器之饕餮纹研究》，北京：文化艺术出版社，
2009 年，90—105 页。
② 周苏平、张懋镕：《中国古代青铜器纹饰渊源试探》，《文博》1986 年第 6 期，第 41 页。
③ 李先登：《浅析商周青铜器动物纹饰的社会功能：以晚商周初兽面纹为例》，《中原文物》
2009 年第 5 期，第 49 页。

构图和目形特征上均存在明显的差异。①

杰西卡·罗森（Jessica Rawson）的质疑更加彻底。她不仅提到中国史前社会的多样性【笔者按：此即苏秉琦所说的"满天星斗"】，而且指出形式（器型、纹饰）的传递基本是独立于其含义的："中国大陆居民的艺术传统的历史并未显示出一个统一的脉络，而是许多不同族群的贡献融合的结果。除非这一复合或融汇的情形被认识并理解，否则就很容易得出失之过简因而事实上是错误的解释。……正因为很多研究者都忽略了中国社会的多样性（这一多样性早期形成并长久持续以至历史时期），因此他们就容易假定无论是红山、良渚抑或商代的卷龙或璧在这些不同的社会里都有着相同的意义，但这是不太可能的。"② 和李学勤等人不同，罗森看到了良渚神人兽面纹和商周饕餮纹之间的显著差异：（1）前者多表现为神人与兽的复合图像，而人在后者中则是缺失的；（2）前者专门为玉器而设，而后者常见于盛放酒食的青铜礼器；（3）良渚社会尚无文字，③ 晚商则已经有了成熟的文字体系。总的来说，她认为商周饕餮纹的某些形式特征或许的确源自良渚神人兽面纹中的兽形象，但并没有任何理由可以认定商周饕餮纹的含义也随形式借自后者。

罗森的上述意见非常重要。这里引述朱乃诚的研究作为旁证。朱乃诚分析了殷墟妇好墓出土的十四件玉琮以及玉琮形器。他推断商代玉琮不具有吴大澂所说的"礼地"的礼器功能，而是用作手镯或作为

① 邱诗莹、郭静云：《饕餮神目与华南虎崇拜：饕餮神目形象意义及来源》，《民族艺术》2021 年第 1 期，第 62 页。
② 罗森：《中国古代的艺术与文化》，孙心菲等译，北京：北京大学出版社，2002 年，第 15、16 页。
③ 关于良渚文化所见刻划符号的性质以及文字和原始文字的区别，可以参见本书第一章附文。

财富的象征。① 既然玉琮本身的功能已发生彻底的改变，那么有什么理由认为良渚玉琮上的神人兽面纹的内涵和功能一定原封不动地延续下来了呢？说到底，要想通过溯源来破解饕餮纹的含义必须同时满足三个前提：一是史前文化的传播是一脉相传的（即不存在文化融合），二是文化在传播的过程中没有发生任何变化（即不存在文化发展），三是研究者对史前文化符号之含义的把握比对有史时代文化符号之含义的把握更加精确。在现实中，这三个前提显然无一能够成立。

艾兰指出："为了适应针对以前学说的种种反对意见，任何假说必须：（1）考虑到殷墟期饕餮纹的多种变异；（2）解释二里冈期到殷墟期饕餮纹的历史发展，并追溯到影响这种纹饰的良渚文化玉器；（3）把青铜器与甲骨文和其他考古遗存中所见的商代宗教联系起来。"② 现在看来，她所说第二点中的"追溯"并不是必需的。

（三）应该如何分类？

饕餮纹的分类向来被视为饕餮纹研究中绕不过去的基础工作之一。在饕餮纹研究史上，比较重要的分类方式有以下几种。③

1. 容庚《商周彝器通考》的分类：（1）饕餮纹，分为十六式；（2）蕉叶饕餮纹，分为三式。

2. 高本汉《中国青铜器的新研究》的分类：（1）A群，分为饕餮面、连体饕餮、牛角饕餮等六式；（2）B群，分为分解饕餮等十一式；（3）C群，分为变形饕餮、龙化饕餮等十六式。

3. 张光直《商周青铜器与铭文的综合研究》的分类：（1）有面

---

① 朱乃诚：《殷墟妇好墓出土玉琮研究》，《文物》2017年第9期，第33—47页。

② 艾兰：《早期中国历史、思想与文化》（增订版），杨民等译，北京：商务印书馆，2011年，第228、229页。

③ 参见陈公柔、张长寿《殷周青铜容器上兽面纹的断代研究》，《考古学报》1990年第2期，第137—168页。

廓的独立兽头，分为三十五式；（2）无面廓的独立兽头，分为三十二式；（3）由线条组成的独立兽头，分为六式；（4）兽头连身，分为三十三式；（5）身躯作二细条的兽头连身，分为三式；（6）由线条组成的兽头连身，分为十式。

4. 上海博物馆青铜器研究组编《商周青铜器文饰》的分类：（1）外卷角兽面纹，分为七式；（2）内卷角饕餮纹，分为五式；（3）分枝角兽面纹；（4）曲折角兽面纹，分为八式；（5）长颈鹿角兽面纹；（6）虎头纹，分为七式；（7）牛头纹，分为三式；（8）变形兽面纹，分为六式。

5. 林巳奈夫《殷周青铜器纹饰之研究》的分类：（1）无角饕餮，（2）T字形羊角饕餮，（3）羊角饕餮，（4）大耳饕餮，（5）牛角饕餮，（6）几字形羽冠饕餮，（7）水牛角饕餮，（8）茸形角饕餮，（9）尖叶角饕餮，（10）羊角形二段角饕餮，（11）大眉饕餮，（12）两尖大耳饕餮，（13）其他种类的饕餮。

6. 陈公柔、张长寿《殷周青铜容器上兽面纹的断代研究》的分类：（1）独立兽面纹，分为十二式；（2）歧尾兽面纹，分为六式；（3）连体兽面纹，分为十六式；（4）分解兽面纹，分为六式。

上述诸家的分类标准各有所据，但分类的主要目的基本上是通过建立饕餮纹的演变谱系使其能够服务于青铜器的断代，这从陈公柔、张长寿的文章题目中就可见一斑。又因为主要目的是断代，所以诸家的分类都非常细密——越细密，意味着断代越精确。然而，一旦用于分析饕餮纹的含义，这样的分类方式就难免会给研究者造成无从下手的困扰。李零就曾指出："饕餮纹分很多种，往往越分越细，反而让人抓不住要领。"[①]

---

① 李零：《说龙，兼及饕餮纹》，《中国国家博物馆馆刊》2017年第3期，第65页。

近年来，有学者提出，要知道饕餮纹的含义，就必须看到饕餮纹的共性。如果不那么苛责的话，这一理念基本上是正确的。问题在于，这个共性到底是什么？或者换个说法，应该从什么角度来寻找共性呢？有学者在探讨饕餮纹的内涵和功能时，将饕餮纹的共性提炼为"面部"（即所有的饕餮纹都有一张脸），又将"首"和"身"作为一级分类标准（即将饕餮纹分为有首有身和有首无身两大类）。我们不难发现，这样的共性以及这样的分类对于分析饕餮纹的含义其实并没有起到任何实质性的帮助。

笔者认为，以探究饕餮纹含义为目的的分类，既要照顾到饕餮纹的共性，也要注意到饕餮纹的变化。至于分类的标准，则应该首先考虑最可能具有重要含义的因素。举例来说，按照《吕氏春秋》的说法，"有首无身"是有重要含义的，那么以"有身""无身"作为分类标准就是合适的；反之，如果认为"有首无身"没有重要含义，那么就应该将其看作次要因素甚至直接忽略。

以上针对当前研究中存在的三类问题进行了简要分析。在本节的最后，笔者还想以提问的方式提出自己的研究思路：第一，应该先考察饕餮纹表示什么（即饕餮纹的内涵），还是先考察先民为什么在青铜器上装饰饕餮纹（即饕餮纹的功能）？第二，饕餮纹的形式特征和饕餮纹的功能有关吗？第三，饕餮纹的功能是唯一的还是多元的，或者说，是一成不变的还是有所损益的？本章接下来的内容就是对这些问题的回答。

第三节　商代饕餮纹形式特征的历时性分析

形式分析无疑是研究饕餮纹含义的必由之路。本节首先考察饕餮纹最基本的特征，然后考察饕餮纹的形式从二里岗期到殷墟晚期发生的最主要的变化。

（一）饕餮纹的基本特征

关于饕餮纹有哪些要素，马承源有一段较为全面的论述。他说："纵观商周时代兽面纹的特点，综合起来有以下的要素：以中间鼻梁为基准线，两边为对称的目纹，目上往往有眉，其侧有耳，下部两侧为兽口和兽腮，上部为额，额两侧有突出的兽角。在兽面纹的两侧，各有一段向上弯曲的体躯，体躯下部往往有兽足。所有的饕餮纹，基本上脱离不了这个格局。"[1] 在鼻、目、眉、耳、口、腮、额、角、躯、足等组成部分以及轴对称这一构图方式中间，目与轴对称（即处于图像正中位置的正对观看者的双目）是饕餮纹最基本的要素。我们完全可以认为，饕餮纹若没有双目，也就不成其为饕餮纹了。

有学者提出，双目对于饕餮纹来说并非不可或缺。比如，针对以眉、目、身为基本元素给饕餮纹分类的传统做法[2]，黄厚明认为用"面"来取代眉和目更具有合理性和可操作性。他说："虽然目是饕餮纹最突出的特征，但它是不能离开面而存在的，试想一下，如果只有一对孤立的目纹，谁能断定这就是饕餮纹？事实上，二里冈期和殷墟早期也有一种无目的饕餮纹。尽管没有双目，但众多的研究者仍然根据其大致的面部轮廓将其视为饕餮纹。"[3]

不过，这类意见似乎还有待商榷。虽然在现实世界中，眼睛的确离不开面孔，但在艺术世界里，眼睛却可以作为面孔的省形。贡布里

---

① 马承源：《商周青铜器纹饰综述》，上海博物馆青铜研究组编《商周青铜器文饰》，北京：文物出版社，1984年，第3页。

② 参见容庚、张维持《殷周青铜器通论》，北京：文物出版社，1984年，第109—112页。

③ 黄厚明：《商周青铜器样的图式与功能：以饕餮纹为中心》，北京：方志出版社，2014年，第55页。

希（E. H. Gombrich）指出："假如有一种心理意向可以被我们确定的话，那就是我们总是易于把图案中那些看上去隐约像眼睛和其他相应的面部特征的图形当作脸孔。"[①] 罗越（Max Loehr）认为："饕餮纹的起点是一双眼睛。完全成熟的题材里的其他任何部分都是经过了时间演变之后才成形的。……如若没有大而凸出的眼睛的话，我们几乎不可能猜出这是一张脸。"[②] 艾兰也说："（饕餮纹的）特点是它有两只眼睛，常常有脸形、耳朵、鼻子和角，边上的条纹也可能是身子，但由于它跟器形的边没有分开，所以它的身子不好确定。这种纹饰最简化的形式只留下了两只眼睛。"[③] 正因为此，虽然商代早期的个别青铜爵上仅绘铸有一对眼睛，但《中国青铜器全集》的编写者仍将其命名为"兽面纹爵"[④]，编写《商周青铜器文饰》的上海博物馆研究人员也将这种轴对称的双目纹称作"双目式变形兽面纹"（图 2-5）。再回过来看黄厚明提到的"无目的饕餮纹"（图 2-6）。如果没有见过完整的饕餮纹，我们恐怕很难确定这里面隐藏着一张令人生畏的面孔，即使是现在，要指出其"大致的面部轮廓"仍然是非常困难的。[⑤] 考虑到此类图像极其罕见且仅见于相对较早的时期，不妨把它们看作未完成的图像（或者仍按上海博物馆研究人员的意见称之为"失目式变形饕餮纹"）——严格地说，它们还不能算是真正意义上的饕餮纹。

———————

① 贡布里希：《秩序感》，杨思梁等译，南宁：广西美术出版社，2014 年，第 295 页。

② 罗越：《论古代中国青铜器的年代》，转引自贝格利《罗越与中国青铜器研究：艺术史中的风格与分类》，王海城译，杭州：浙江大学出版社，2019 年，第 63 页。

③ 艾兰：《龟之谜：商代神话、祭祀、艺术和宇宙观研究》（增订版），汪涛译，北京：商务印书馆，2010 年，第 165 页。

④ 参见《中国青铜器全集》编辑委员会编《中国青铜器全集》第 1 卷，北京：文物出版社，1996 年，第 60—63 页。

⑤ 事实上，黄厚明在同一本书稍后的章节中自己也说："尽管饕餮纹的部分顶饰具有某些兽角的特征，但仍不能据此认定饕餮纹乃'兽面'。原因在于：所谓的'兽面'，在早商二里冈期乃至殷墟一期还没有形成明显的脸部轮廓，'兽面'自然无从谈起。"参见黄厚明《商周青铜器纹样的图式与功能：以饕餮纹为中心》，北京：方志出版社，2014 年，第 73 页。

图 2-5 双目式变形兽面纹（二里岗期）

资料来源：上海博物馆青铜器研究组编《商周青铜器文饰》，北京：文物出版社，1984 年，第 83 页。

图 2-6 失目式变形饕餮纹（二里岗期）

资料来源：上海博物馆青铜器研究组编《商周青铜器文饰》，北京：文物出版社，1984 年，第 84 页。

（二）商代早期饕餮纹的形式特征

商代早期青铜器主要出土于郑州二里岗商城及其周边地区。这些青铜器中有不少已经装饰了饕餮纹。

与后来的饕餮纹相比，商代早期饕餮纹（图 2-7）的特征大致可归纳如下：（1）眼睛占据主要位置（即最引人注意的是双目）；（2）除了眼睛以外，几乎没有任何写实的部分；（3）整体面貌相对单一；（4）大多呈带状装饰于器身；（5）所谓的"首"和"身"连成一片，没有明确的界限。马承源指出："商代早期的动物纹样，基本上是变形的，或者是象征和含蓄的，构图形象不采取夸张的手法，兽目和兽角应该是最能显示物像特性的部分，然而早期纹样的兽目都没有任何特意强调之处，只是一对圆点而已。兽角的部位甚至采取了难以引人注意的小的钩曲状条纹。"① 应该说，马先生的上述总结是非常到位的。

图 2-7 二里岗期的饕餮纹

资料来源：上海博物馆青铜器研究组编《商周青铜器文饰》，北京：文物出版社，1984年，第27页。

需要补充说明的是，早期青铜器的制作者仅使用"小的钩曲状条纹"而非引人注意的夸张的角形，显然不是因为他们不知道如何去刻画动物的角，而是因为他们根本未曾试图刻画动物的角——这也最直接地表明了饕餮纹最初的原型绝无可能是牛、羊、鹿一类的动物。

（三）商代中期饕餮纹的形式特征

商代中期的青铜器散见于多地，出土地包括安徽阜南常庙乡、湖北黄陂盘龙城、江西新干大洋洲等。过去的研究或将之归为二里岗文化晚期，或将之归为殷墟文化早期。

这一时期的饕餮纹已经发生许多变化：（1）角形开始凸显并有越来越显著的趋势；（2）随着写实的角形（比如牛角等）的出现，饕餮纹的抽象性在逐步减弱；（3）器腹上的饕餮纹开始分化出多种样式，圈足和器颈等部位的饕餮纹则保留了商代早期的风格；（4）器腹上的饕餮纹原本局限于狭长的带状内，此时开始铺满整个器腹——爵、觚一类的青铜器由于本身器身狭长，所以变化不如鼎、

① 马承源：《中国青铜艺术总论》，《中国青铜器全集》编辑委员会编《中国青铜器全集》第1卷，北京：文物出版社，1996年，第12页。

鬲、尊等显著。此外，饕餮纹的吻沿上出现了细小的齿纹（但尚未形成獠牙），"臣"字形眼的占比变大且结构发生了细微的调整，这些同样值得关注。[①] 至于在此时集中兴起的"虎食人"母题[②]，也很可能与饕餮纹有关。

（四）商代晚期饕餮纹的形式特征

商代晚期的青铜器以安阳殷墟所见最为典型。

这一时期，商代中期饕餮纹已经具备了的各种特征变得更加明显。其中最引人注目的当数角形的崛起。正如马承源所说，"殷墟早期，兽面纹上的角已相当突出了。到殷墟中期，有些兽面纹舥角的宽度甚至占了兽面纹全部宽度的一半，强调到最大的限度"，"从商代早期到商代晚期，兽面纹的角型愈来愈发展，兽角装饰的地位也愈来愈突出"[③]。商代晚期饕餮纹还具有多样化、通体满饰等其他特征，这些均与角形的崛起密切相关。

图 2-8　殷墟晚期的饕餮纹

资料来源：上海博物馆青铜器研究组编《商周青铜器文饰》，北京：文物出版社，1984年，第32页。

---

① 关于齿纹和"臣"字形眼的变化，参见马承源《中国青铜艺术总论》，《中国青铜器全集》编辑委员会编《中国青铜器全集》第1卷，北京：文物出版社，1996年，第13、14页。
② 参见本章附文。
③ 马承源：《商周青铜器纹饰综述》，上海博物馆青铜器研究组编《商周青铜器文饰》，北京：文物出版社，1984年，第4页。

总之，商代饕餮纹经历了由单一向多样化、由高度抽象向相对具象、由凸显双目形向凸显角形的明显转变。关于引起这些变化的原因，研究者多认为主要是技术的进步和艺术风格的自然流变。而在笔者看来，如果我们抛开诸如"饕餮纹的功能是一成不变的"之类的先入之见，那么就很容易产生以下怀疑：饕餮纹的变化是否意味着饕餮纹的主要功能发生了变化，亦即商人制作饕餮纹的目的发生了变化？

第四节　商代早期饕餮纹的主要功能

早期饕餮纹最显著的形式特征是突出①的双目纹和高度的抽象性。在人类早期艺术史上，这两种形式特征往往都具有装饰之外的实用意义。

（一）双目纹的功能②

有学者早就注意到，饕餮纹的眼睛很可能被用来表示一股强大而

---

① 此处的"突出"主要指"显著"的意思，但也包含"凸起"的意思。

② 罗越认为饕餮纹只是"纯艺术"的形式，不具有任何可以确定的宗教等方面的意义。他说："如果商代铜器装饰是作为纯粹的设计、单纯基于形式的形式、不参考现实或至多间接指涉现实的形状组合而形成的话，那么，我们几乎要被迫得出结论：它们不可能有任何可以确定的意义——宗教的、宇宙的，或神话的——反正就是那种已经得以确立的、文学类的意义。这些装饰从图像学意义上说很有可能毫无意义，或者只有作为纯粹的形式才有意义——就如音乐形式，因而不像文学上的定义。若试图回答这个问题，也许我们可以简单地仰赖装饰自身的形式以期冀得到一些指导：它们难道不是处于几何形与有机界之间的某个地方，却不能被认作两者的任一方吗？因此，我们或许一定要放弃尝试用宇宙观或宗教观的术语来解释这些捉摸不定的图像，更不用提认为动物形反映了商代贵族酷爱打猎的这一幼稚观点。所有以青铜装饰之象征意义为主题的研究，都依赖于可辨为真正的野兽的图像，这并非出于选择，而是出于需要。但是可辨识的图像数量大大少于仅是设计的动物形，只是作为'纯艺术'在形式的方面才有意思。"参见 Max Loehr, *Ritual Vessels of Bronze Age China*, New York：Asia Society, 1968, pp. 13-14. 转引自贝格利《罗越与中国青铜器研究：艺术史中的风格与分类》，王海城译，杭州：浙江大学出版社，2019 年，第 106 页。对于罗越的这个观点，持与其不同意见的学者一直苦于不知如何反驳。饕餮纹究竟有没有装饰之外的功能，似乎成了一桩各持己见、无法对话的悬案。事实上，如果我们从目纹（尤其是正对观看者的双目纹）在世界早期艺术中普遍存在的功能入手，而不是直接纠结于饕餮纹表示什么，那么便很容易发现罗越的观点是很难成立的。

神秘的力量。孙作云曾在其代表作《饕餮考》的脚注中提到日本汉学家石田干之助的观点。石田先生认为，世界各民族大多有"邪视会招致祟祸"的迷信，中国人在青铜器上装饰巨目饕餮，就是为了以目制目，以毒攻毒，借此来阻止邪视的侵害。① 艾兰在研究饕餮纹的含义时也指出："眼睛本身是一种有威力的形象，它所包含的绝不仅是形式因素，眼睛的形象，不需推敲就可以感到一种未知的威力，它能看穿一切，又不可以琢磨。这是一种可以感到但难以描述的真实存在。"② 然而，孙作云认为石田干之助的观点"虽有趣而无中国书本上或民俗上的材料以为之证"，并非制作饕餮纹的本义。艾兰也没有循此思路继续追踪下去，而是将饕餮纹中的眼睛理解为"神圣"或"另一个世界"的暗示。

事实上，虽然饕餮纹的眼睛如此的引人注目，但大多数研究者都"点到即止"，停留在客观描述的层面——这种看似恪守"严谨"、追求"客观"的保守倾向在近二十年变得越发明显。贡布里希是少数几位真正以眼睛为突破口来思考饕餮纹功能的学者之一。他指出，在器物上饰以眼睛的形象从而使其"生命化"的倾向是普遍存在的，③ 相信眼睛有辟邪之功效的观念则进一步强化了这种倾向。他认为，饰有突出巨睛的饕餮纹也很可能起源于辟邪的需求。④

---

① 石田干之助：《饕餮纹の原义に就いて》，转引自孙作云《饕餮考：中国铜器花纹中图腾遗痕之研究》，《孙作云文集》第 3 卷［中国古代神话传说研究（上）］，开封：河南大学出版社，2003 年，第 303 页。

② 艾兰：《早期中国历史、思想与文化》（增订版），杨民等译，北京：商务印书馆，2011年，第 209 页。

③ 我国历史上有许多反映眼睛形象和"生命化"之关系的例子。《历代名画记》："金陵安乐寺四白龙，不点眼睛，（张僧繇）每云'点睛即飞去'，人以为妄诞，固请点之。须臾，雷电破壁，两龙乘云腾去上天，二龙未点眼者见在。"参见张彦远《历代名画记》卷第七，北京：人民美术出版社，2004 年，第 148 页。此外，舞狮之前举行点睛仪式，目的也是让狮子"活起来"（或者说"醒过来"）。

④ 贡布里希：《秩序感》，杨思梁等译，南宁：广西美术出版社，2014 年，第 290 页。

可以预见，过分挑剔的研究者会认为贡布里希的观点既平平无奇——尽管真正采用这种研究思路和结论的学者其实少之又少——也很难被完全证实。那么，有没有可能通过考证早期饕餮纹的眼睛在现实中的原型来为这一观点增加说服力呢？

早期饕餮纹的眼睛形象分为两种：一种近乎椭圆形，另一种则呈"臣"字形。相较椭圆形眼，"臣"字形眼的现实原型更加有迹可循。

郭静云和邱诗萤认为，饕餮纹神目的现实原型应该是老虎的眼睛：

> 现实中的老虎眼眶周围的黑色眼线斑纹，会造成外眼角上扬、内眼角下陷、眼瞳突出眼眶的错觉，正与神目的造型完全符合。而老虎的眼睛周遭除了眼线斑纹外，眼线外围还有一圈白色毛皮，更加地强调内眼角下陷、外眼角上扬的轮廓。……虎的"眼瞳"肯定有特殊的神秘意涵。笔者认为，这应该与自然界中老虎双眼的特征有关，即是猫科动物的眼睛夜晚发光的现象。猫科动物的夜视能力来自于其独特的眼瞳结构，当光线到达其虹膜时，会再次反射到视网膜，使猫科动物仅需微弱光源就可视物，也因此造成在人类看来其眼瞳发光的情景。[①]

郭静云和邱诗萤的研究仅仅讨论了"臣"字形眼而未涉及椭圆形眼，这多少会影响其论证的完整性和结论的可信度。不过，有一项重

---

① 邱诗萤、郭静云：《饕餮神目与华南虎崇拜：饕餮神目形象意义及来源》，《民族艺术》2021年第1期，第66页。还可以参见邱诗萤、郭静云《商国、虎国和三星堆文化"神目"形象的来源流变》，《民族艺术》2022年第4期，第77—91页。

要证据表明，早期饕餮纹的"首"部的确很可能源自老虎，或至少与老虎关系密切。如果这一结论能够成立，那么我们或许可以将椭圆形眼看作"臣"字形眼的简化形式。

这里说的重要证据是普遍存在于早期饕餮纹中的 T 形耳。在马承源的分类中，早期饕餮纹主要包含了三种形式：外卷角型（表 2-1 之 1—4）、内卷角型（表 2-1 之 5）、虎头纹型（表 2-1 之 6—10）。然而，我们一旦将所谓"外卷角""内卷角""虎耳"分离出来，同时摒弃"饕餮纹有角"的可疑印象，便会发现三者其实十分接近。从商代后期比较写实的老虎形象（图 2-9）以及"虎"字的甲骨文字形（图 2-10）来看，[①] 将 T 形耳作为老虎形象的重要标志应该是没有问题的。由此可以进一步认为，所谓的"外卷角"和"内卷角"，与其说是角的形象，不如说是虎之 T 形耳的装饰化变形。这意味着，早期饕餮纹的所谓"首"部在现实中的原型有较大可能皆为虎面。[②]

---

① 有研究者将本文所说的"T 形耳"（亦即马承源所说的"外卷角""内卷角""虎耳"）形容为"羽化卷云状"，以此来证明饕餮纹和鸟的关系。还有研究者认为"T 形耳"表示的是豕耳，声称："此类兽面纹的双耳硕大无朋，有的纵向宽度几乎占整个兽面的一半，而现实中虎耳是较小的，难以与之相提并论。如此硕耳，在现实世界中，唯豕耳和象耳堪与之匹。二者之中，考虑到此类兽面纹并无长鼻，且与牛角形、羊角形为伍，故称此耳为豕耳比较恰当。"前者的问题在于以想象代替比较，而后者的问题则是找错了比较的对象。参见黄厚明《商周青铜器纹样的图式与功能：以饕餮纹为中心》，北京：方志出版社，2014 年，第 73 页；段勇《商周青铜器幻想动物纹研究》，上海：上海古籍出版社，2012 年，第 149 页。

② 此前，已有学者提到饕餮纹最初的原型是老虎。例如，瓦特尔贝利（Waterbury）以《礼记·郊特牲》"飨农及邮表畷、禽兽，仁之至，义之尽也。古之君子，使之必报之。迎猫，为其食田鼠也。迎虎，为其食田豕也"为依据，认为饕餮纹是以农业守护者——虎为原型创造出来的。参见 Waterbury, Florece, *Early Chinese Symbols and Literature, Vestiges and Speculations with Particular Reference to the Ritual Bronzes of the Shang Dynasty*, New York, 1942, p.30. 转引自林巳奈夫《所谓饕餮纹表现的是什么：根据同时代资料之论证》，樋口隆康主编《日本考古学研究者·中国考古学研究论文集》，蔡书风译，东京：东方书店，1990 年，第 135 页。

表 2-1　商代早期饕餮纹

序号	饕餮纹完整图像	T 形耳局部放大
1		
2		
3		
4		
5		
6		
7		

续表

序号	饕餮纹完整图像	T形耳局部放大
8		
9		
10		

资料来源：上海博物馆青铜器研究组编《商周青铜器文饰》，北京：文物出版社，1984年，图1、图2、图4、图5、图63、图147、图148、图149、图150、图154。

图 2-9　商后期虎纹石磬（局部）

资料来源：中国国家博物馆编《中华文明：
〈古代中国陈列〉文物精萃》，北京：中国社会科
学出版社，2010年，第147页。

图 2-10　甲骨文"虎"字

在传统观念里，老虎对于辟邪起着十分重要的作用。① 王充《论衡》引《山海经》佚文："沧海之中，有度朔之山，上有大桃木，其屈蟠三千里，其枝间东北曰鬼门，万鬼所出入也。上有二神人，一曰神荼，一曰郁垒，主阅领万鬼。恶害之鬼，执以苇索，而以食虎。于是黄帝乃作礼以时驱之，立大桃人，门户画神荼、郁垒与虎，悬苇索以御。"② 应劭《风俗通义》："《周礼》：'方相氏，葬日入圹，驱魍象。'魍象好食亡者肝脑，人家不能常令方相立于墓侧以禁御之，而魍象畏虎与柏，故墓前立虎与柏。"③ "虎者，阳物，百兽之长也，能执搏挫锐，噬食鬼魅，今人卒得恶悟，烧虎皮饮之，击其爪，亦能辟恶，此其验也。"④ 在四川出土的汉代画像石上，制作者在一对老虎的画像旁分别标注了"辟邪"和"除凶"的铭文（图 2-11）。⑤ 更典型的一个例子是，我国部分地区至今仍然保留了给幼童穿虎头鞋、戴虎头帽以驱邪求福的风俗。

显而易见，虎的辟邪属性对上文所述贡布里希的观点提供了非常有力的支持。

---

① 关于虎在传统观念中的形象和功能，可以参见刘敦愿《中国古俗所见关于虎的崇拜》，《民俗研究》1986 年第 1 期，第 12—24 页。

② 黄晖：《论衡校释》（附刘盼遂集解）卷第二十二，北京：中华书局，1990 年，第 938、939 页。

③ 应劭撰，王利器校注《风俗通义校注》，北京：中华书局，1981 年，第 574 页。《酉阳杂俎》亦云："《周礼》：方相氏驱罔象。罔象好食亡者肝，而畏虎与柏。墓上树柏，路口致石虎，为此也。"参见段成式《酉阳杂俎》前集卷第十三，曹中孚校点，上海：上海古籍出版社，2012 年，第 73 页。此处所引《周礼》"驱魍象"之"驱"，古籍中写作"欧""毆""驱""毆"等。有些学者将这些字转写成"毆"。

④ 应劭撰，王利器校注《风俗通义校注》卷第八，北京：中华书局，1981 年，第 368 页。

⑤ 关于汉墓"虎食鬼魅"画像，可以参见王煜《汉墓"虎食鬼魅"画像试探：兼谈汉代墓前石雕虎形翼兽的起源》，《考古》2010 年第 12 期，第 67—80 页。

图 2-11 标"辟卯（邪）""除凶"铭文的老虎（四川出土的汉代画像石）
资料来源：李零：《入山与出塞》，北京：文物出版社，2004 年，第 116 页。

（二）抽象性（不确定性）的功能

20 世纪 30 年代至 60 年代，西方汉学界曾就商周饕餮纹的演进序列展开热烈的争论。高本汉认为最早的饕餮纹是比较写实的，而罗越则认为最早的饕餮纹是抽象的。随着中国考古的不断展开，罗越的意见被证实是正确的。[①] 今天，研究者们对高本汉和罗越二人的"胜负"津津乐道，却忽视了一个十分重要的问题：早期饕餮纹为什么被表现得如此抽象？

在国内学者中间，只有极个别学者分析过这个问题。马承源说：

我们知道，商代早期的艺匠们并非没有表现具体物像的艺术技巧，恰恰相反，在二里冈时期的遗址中，出土有很好的泥塑动物小像。即使在更早的二里头文化遗址中，也有优美的动物陶塑

[①] 关于高本汉和罗越之争的概要，可以参见缪哲《罗越与中国青铜器研究》，《读书》2010 年第 11 期，第 126—133 页。

出土。这些出土实物说明二里头时期和二里冈时期的工匠们，有很好的艺术表达能力。因此，商代早期青铜器纹饰的抽象只能归结于以下几个可能的方面：一、是出于某种实际的需要，纹饰的这种独特的勾描方法在当时具有特殊的意义；二、表现方法幼稚，因为用线条在一个平面上再现立体的形象要比依样雕塑一个要困难。或两者兼而有之。由于资料还不够丰富，我们暂时还无法深入地探求它的根源。[①]

马承源的上述分析充分体现了老一辈学者卓越的观察能力和思辨能力。诚然，二里头遗址和二里岗遗址都出土了动物形象的陶塑或骨器（图2-12，2-13），更早的仰韶文化的鹰形陶鼎（图2-14）更是以栩栩如生著称于世，可见早商的工匠们应该已具备了再现具体物像的艺术技巧。但立体再现与平面再现并不是一回事，在商代中期之前的考古学遗存中，我们的确很难找到写实的动物正面的平面图像，所以马承源提到的"能力不足"或许是真实存在的。[②] 不过，早期饕餮纹如此抽象的主要原因恐怕并不在此：一方面，早期饕餮纹给人的感觉，与其说是模仿得不够好，不如说是制作者有意如此"表现"，换句话说，我们很难看出制作者想要努力"再现"具体物像的意图；另一方面，商代中期之后的饕餮纹，有些已经非常写实（例如下一节将讨论的牛方鼎和鹿方鼎上的饕餮纹）——这表明技术上已不存在任何困难——而多数饕餮纹仍然在相当程度上

① 马承源：《商周青铜器纹饰综述》，上海博物馆青铜器研究组编《商周青铜器文饰》，北京：文物出版社，1984年，第22页。

② 刘敦愿："我们完全可以从古代艺术品以及民间的剪纸、儿童的绘画中看到，表现兽类的侧面形象远比表现正面的容易，所以才侧面的常有而正面的罕见。"参见刘敦愿《饕餮（兽面）纹样的起源与含义问题》，《刘敦愿文集》上卷，北京：科学出版社，2012年，第156页。

保留了抽象的特点。依此来看，饕餮纹的抽象更像"出于某种实际的需要"。

图 2-12　骨猴（二里头出土）
资料来源：中国社会科学院考古研究所编著《二里头：1999~2006》第 4 册，北京：文物出版社，2014 年，彩版 366。

图 2-13　陶鸭（二里岗出土）
资料来源：河南省文化局文物工作队编著《郑州二里冈》，北京：科学出版社，1959 年，图版 25—3。

图 2-14　鹰形陶鼎（仰韶文化遗存）
资料来源：中国国家博物馆编《中华文明：〈古代中国陈列〉文物精萃》，北京：中国社会科学出版社，2010 年，第 60 页。

那么，究竟出于何种需要呢？沃尔特·希尔德布尔（Walter Hildburgh）的相关研究对于回答这个问题颇有参考价值。他发现，在意大利、西班牙等许多地区的民间传说中，魔鬼和其他邪恶势力有一个共同的弱点，就是害怕被搞糊涂。因此，包括抽象形式在内的一切具有"不确定性"的形式往往被认为能起到很好的辟邪效果。[①]

沃尔特提到了弗雷泽的观察结果。弗雷泽指出，在《旧约》的故事中，耶和华对清点人口非常反感。这种反对清点人口的禁忌似乎十分普遍。据弗雷泽介绍，在上刚果的博洛基（即班伽拉）部落里，土著人认为一旦恶灵听见其子女的准确数目，那么其中的几个孩子便会死去，所以每当被问起有几个孩子时，他们总是随口乱诌，"他想骗的不是你，而是无处不在、到处徘徊的恶灵"。在英属哥伦比亚，印第安人一度将患上麻疹而死归咎于当地官员对其人口的清点。此外，许多英国人认为清点羊羔数量是不吉利的，德国人则普遍认为频繁数钱将使钱变得越来越少。[②] 沃尔特对弗雷泽谈到的上述现象进行了解释。他认为，不愿意精准确定这些数字的主要原因往往在于一种观念，即无论是能够施展魔法的人，还是心怀恶意的超自然生物，都无法在涉及未知元素（在本例中就是未知数字）的情况下造成伤害。因此，如果将某些属于潜在受害者的东西隐藏起来，那么潜在的作恶者便无法将其纳入操作当中，潜在的受害者也就能免于伤害。

---

① Hildburgh, W. L., "Indeterminability and confusion as apotropaic elements in italy and in spain," *Folklore*, Vol. 55, No. 4, 1944：133—149. 以下沃尔特所论均出自这篇文章。

② 弗雷泽：《〈旧约〉中的民俗》，童炜钢译，上海：复旦大学出版社，2010 年，第 377—384 页。我国先秦典籍中也有类似的例子。《国语·周语上》："宣王既丧南国之师，乃料民于太原。仲山父谏曰：'民不可料也！'……且无故而料民，天之所恶也，害于政而妨于后嗣。"料，数也。料民，即人口普查。参见《国语》卷第一，上海师范大学古籍整理研究所校点，上海：上海古籍出版社，1988 年，第 24、25 页。

　　沃尔特还列举了许多类似的例子。在翁布里亚，装有数量不明的沙子、盐或谷子的小袋子被认为可以有效抵御巫术。当地的人们相信，女巫只有在精确计算了这些东西的数量后才能伤害她意欲加害的对象。对于婴儿来说，从磨石轴上碎裂下来的小铁片是格外珍贵的"护身符"（通常被缝在布上并挂在脖子上），因为女巫在伤害佩戴铁片的婴儿前必须搞清楚铁片在磨石之间旋转了多少圈。无独有偶，大英博物馆里有一件黑陶双耳细颈瓶，其外侧装饰了两对巨大的眼睛，内侧则描绘了陶工在陶轮旁工作的场景。沃尔特根据在翁布里亚观察到的现象推测，后者应该是为了补充眼睛的辟邪功能而设计的——潜在的施害者如果不知道轮盘已旋转的次数，那么就无法"污染"瓶子里的液体。

　　在中国，撒豆以辟邪祈福的习俗或与沃尔特所论有关。这一习俗至晚始于东汉而绵延于晚近。张衡《东京赋》："桃弧棘矢，所发无臬。飞砾雨散，刚瘅必毙。"李善注此句："《汉旧仪》，常以正岁十二月，命时傩，以桃弧苇矢且射之，赤丸五谷播洒之，以除疾殃。"① 成书于清道光年间的《清嘉录》记录了撒豆祛疫的方法："或撒黄豆于帐顶，或以红、绿线穿黄豆三粒置帏间，俱能禳痘。"据作者顾禄的"案语"，明代杨循吉《除夜杂咏》诗也提到"撒豆禳儿疾"。② 受中国影响，日本有在立春前夜撒豆驱鬼的习俗。黄遵宪《日本国志》如是记载："立春前一日谓之节分。至夕，家家燃灯如除夜，炒黄豆供神、佛祖。先向岁德方位撒豆以迎福，又背岁德方位撒豆以逐鬼，谓

---

① 张衡：《东京赋》，萧统编，李善注《文选》卷第一，上海：上海古籍出版社，2019 年，第 126、127 页。
② 顾禄：《清嘉录》卷第十二，来新夏校点，上海：上海古籍出版社，1986 年，第 195 页。

之‘傩豆’。"① 与撒豆类似，我国傣族、纳西族、彝族、苗族和白马藏族的巫师在作法招魂时也要举行撒米驱鬼的仪式。② 撒豆、撒米何以能够驱邪，目前尚无确切的解释。若按照沃尔特的观点推测，其或许与恶鬼无法得知豆子或米粒的具体数目有关。

当然，沃尔特的观点未必适用于解释所有此类现象，但仍然应该承认，他的观点有其深层合理性。正如兰格所言，"（人）能够以某种方式使自己适应他的想像力能处理的任何东西，但是他不能对付混乱无序。因为他的具有特征性的功能，也是他的最高财富，是概念，他最大的恐惧就是面对不能解释的东西——即通常所谓的‘神秘莫测’"③。人们在面对无法把握的东西时会感到手足无措，那么当然也会认为鬼怪邪灵在面对无法把握的东西时将无处下手或无法应对。这与人们以虎辟邪的基本原理是一致的。

所以，早期饕餮纹之所以如此抽象，以至于人们很难识别其现实原型，除了传统的力量即风格因素之外，很可能也与辟邪的实际需求有关。

基于上述分析，我们认为早期饕餮纹的主要功能是辟邪。不过，这里还有一个非常关键的问题亟待解答——所谓的"邪"具体指什么？如果不能回答这个问题，那么辟邪说便成了无本之木。

---

① 黄遵宪：《日本国志》卷第三十五，清光绪十六年广州富文斋刻本。郭沫若也曾提到过这种日本习俗："今天是二月四日，检查了一下日历，才知道是立春的前夜。这一天日本特别谓之‘节分’。想起了日本民间的一种风俗，在这天晚上要‘撒豆’。每家人家都要把大豆炒好，在居室里用手抓来不断地向空漠中撒播，口里不断地喊着‘福内，鬼外，福内鬼外……’。据说这是祓除的用意，要把幸福留下来，把灾害驱除出去。"参见郭沫若《立春前夜话撒豆》，中国郭沫若研究学会、《郭沫若研究》编辑部编《郭沫若研究》（第12辑），北京：文化艺术出版社，1998年，第273页。关于日本撒豆驱鬼习俗的由来，可以参见钱茀《日本傩史梗概》，《民族艺术》1994年第4期，第114—117页；樋口清之《日本日常风俗之谜》，范闽仙、邱岭译，上海：上海译文出版社，1997年，第132、133页。

② 参见吴蓉章《论巫术和原始宗教在艺术起源中的中介作用》，《西南民族学院学报》（哲学社会科学版）1993年第2期，第42页。

③ 兰格：《哲学新解》，转引自克利福德·格尔茨《文化的解释》，韩莉译，南京：译林出版社，1999年，第122页。

在多数人的一般观念里，神和祖先对于己方来说总是善的。日本汉学家白川静的话很有代表性："无论怎样的神，在产生其神的部族里应该是属于善神，守护神。纵使是可怖之神，也要在其可怖的事实上能表现出其积极的意义。邪恶之神，总之，只不过是具有敌对异族神的意义，众神可说在其本性上是善良的，可令人诚惶诚恐的。"① 正是基于这样的认识，有学者一度认为商人观念中的上帝"是殷商王朝贵族的保护神"②。然而，殷墟甲骨卜辞表明，给殷商先民带来不利和灾祸的并不是其他邪灵，而恰恰是他们敬畏的诸神（这其中甚至包括了商人的祖先）。卜辞中的具体例子如下：

上帝降旱 《师友》1.31

不霁，帝隹其［降祸］——不霁，帝不［其降祸］《乙》2438

邛方出，我隹祸 《师友》2.92

白降祸 《前》4.39.1

癸亥卜王贞㞢其降祸 《甲》3827③

以上所举，前三例降祸的主体是上帝，后两例降祸的主体是其他神灵或商人的祖先。这正如许慎对"祸"字的注解，"祸，害也，神不福也"④。

诸神恩威并举，福祸兼施。基于这一事实，艾兰认为："对商代那些供奉神灵食物的青铜礼器，我们没有理由认为，上面的装饰纹样

---

① 白川静：《中国古代文化》，加地伸行、范月娇译，台北：文津出版社，1983 年，第116 页。

② 朱天顺：《中国古代宗教初探》，上海：上海人民出版社，1982 年，第258 页。

③ 陈梦家：《殷虚卜辞综述》，北京：中华书局，1988 年，第564—566 页。

④ 许慎撰，徐铉等校定《说文解字》第一上，北京：中华书局，2013 年，第3 页上栏。

有辟邪功能，因为在商代宗教中并没有把神灵分作善恶两类。"① 显而易见，能否回应艾兰的质疑关系到辟邪说究竟能不能成立。

林巳奈夫在《神与兽的纹样学：中国古代诸神》一书的开篇中这样写道："为了取悦祖先而煞费苦心准备的酒食中，如果发现稀奇古怪的虫子则是可怕的事情。因此，为了守护每一个饮食器具，就在其上镶嵌祖神像，个个面目狰狞。"② 从该书后续的论述来看，虫子云云应该是林巳奈夫为了吸引读者而讲的俏皮话，读者大概也很难相信，殷商先民真的会以为虫子能够识别饕餮纹。然而，这一看似不经意的开场白为我们提供了合理的思考角度——严格地说，饕餮纹保护的对象有直接和间接之别，最终保护的对象无疑是青铜器的主人，直接保护的对象则很可能是饰有它们的器皿中的祭品，换言之，饕餮纹所辟之"邪"对神圣的祭品构成了严重威胁。那么，谁（或什么）会威胁到祭品呢？一是现实中的污染源，如林巳奈夫所说的小虫子；二是偷吃祭品的人，即《尚书·微子》所谓"今殷民乃攘窃神祇之牺牷牲用"③；三是所祭对象以外的饿鬼。三者之中，蕴含神秘力量的饕餮纹最可能针对的是所祭对象以外的鬼。

"醜"字的形义关系能够很好地佐证上述推测。

"醜"字的甲骨文写作𩴫，《说文》："醜，可恶也。从鬼，酉声。"④ 段玉裁注"从鬼"："非真鬼也。以可恶，故从鬼。"⑤ 王襄："𩴫，古醜

---

① 艾兰：《早期中国历史、思想与文化》（增订版），杨民等译，北京：商务印书馆，2011年，第209页。
② 林巳奈夫：《神与兽的纹样学：中国古代诸神》，常耀华等译，北京：生活·读书·新知三联书店，2016年，第3页。
③ 孔安国传，孔颖达疏《尚书正义》卷第十，廖名春、陈明整理，吕绍纲审定，北京：北京大学出版社，2000年，第313页。
④ 许慎撰，徐铉等校定《说文解字》第九上，北京：中华书局，2013年，第186页下栏。
⑤ 许慎撰，段玉裁注《说文解字注》第九篇上，许惟贤整理，南京：凤凰出版社，2015年，第762页上栏。

字。许说：'可恶也。从鬼，酉声。'此从鬼从🍶。🍶象尊内有酒滴滴之形，与从酉谊同。"① 周宝宏："醜字当为会意兼形声字，从酉（酒）从鬼，酉（酒）亦声，会酒鬼之义，本义当为丑陋，引申为可恶之义。商代甲骨文和西周文献如《诗》等皆用为'可恶'之义。"② 这些解释各不相同：许慎和段玉裁都认为"醜"字中的"鬼"是意符，"酉"只承担音符的工作，"醜"字的本义是可恶；王襄认为"醜"字中的"鬼"是意符，"酉"既是音符也是意符，"醜"字的本义是可恶；周宝宏也认为"醜"字中的"鬼"是意符，"酉"兼职音符和意符，但认为"醜"字的本义是丑陋。那么，哪一种意见才是正确的呢？

先来分析"醜"字的字形义。"酉"字的甲骨文，比较简单的写法是🍶，相对复杂的写法是🍶，《甲骨文字典》的编写者这样描述其字形："象酒尊之形：上象其口缘及颈，下象其腹有纹饰之形。"③ 也就是说，一般的"酉"字并无酒滴之形。"醜"字中的"酉"如果只承担音符的工作，便没有必要刻意突出酒滴之形。此外，"鬼"字的甲骨文一般写作🍶或🍶，也有写作🍶或🍶的，④ 而🍶（醜）中的🍶（鬼）无一例外都朝向🍶（酉）。这也说明了🍶和🍶应该是组合在一起会意的，🍶不只是音符。综合来看，"醜"字中的"鬼"是意符，"酉"既是意符，又是音符。"醜"字的字形结构与"饮"字大致相似：后者的甲骨文写作🍶，象人饮酒（水）之形；而"醜"字则象鬼饮酒之形。⑤

① 王襄：《簠室殷契类纂·正编》，台北：艺文印书馆，1988 年，第 42b 页。
② 李学勤主编《字源》，天津：天津古籍出版社，沈阳：辽宁人民出版社，2012 年，第807 页。
③ 徐中舒主编《甲骨文字典》，成都：四川出版集团·四川辞书出版社，2014 年，第1600 页。
④ 甲骨文中还有🍶，能否隶定为"鬼"字待考。参见徐中舒主编《甲骨文字典》，成都：四川出版集团·四川辞书出版社，2014 年，第 1021 页；刘钊主编《新甲骨文编》（增订本），福州：福建人民出版社，2014 年，第 538 页。
⑤ 段玉裁认为"醜"字中的"鬼"不是指真正的鬼，其说似无依据。

再来分析"醜"字的本义。"醜"字在甲骨卜辞中的句例如下：

　　……龍虫醜。　《合集》4654

　　［贞］若丝不雨。隹……虫醜于……　　《合集》12878 正

　　……龍虫醜。　《合集》12878 反

郭沫若发现卜辞中的"龍"字有时假为"宠"，同时指出"若丝不雨，帝隹丝邑宠"乃求晴之卜。[①] 李孝定认为："醜与宠为对文。《淮南·说林》：'莫不醜于色。'注：'犹怒也。'辞云'又醜于☐'盖言帝又将加怒于某方，谓将降祸于某方也。"[②] 姚孝遂讲得更加具体："卜辞醜与宠相对为文，《说文》训醜为'可恶'。醜或从寿声作'齹'。《诗·遵大路》'无我齹兮'，《传》训为'弃'，《笺》训为'恶'。醜有厌恶嫌弃之义。或'荷天之宠'，是为'帝降若'；或'天厌之'，是为'帝降不若'，此'宠'与'醜'相对之义。似较释'醜'为'怒'为优。"[③] 简而言之，"醜"字在卜辞中多表示被神厌恶嫌弃的意思。据此可以认为，"醜"字的本义应该是（被神）厌恶抛弃。[④]

---

① 郭沫若：《卜辞通纂》，郭沫若著作编辑出版委员会编《郭沫若全集·考古编》第 2 卷，北京：科学出版社，1982 年，第 597 页。

② 李孝定：《甲骨文字集释》，台北："中研院"历史语言研究所，1970 年，第 2907 页。

③ 于省吾主编，姚孝遂按语编撰《甲骨文字诂林》第 1 册，北京：中华书局，1996 年，第 356 页。

④ "醜"诸义项的引申路径大致如下：（被神）厌恶抛弃→可恶→丑陋。有些学者认为"醜"字的本义是丑陋。比如，周宝宏既已发现"商代甲骨文和西周文献如《诗》等皆用为'可恶'之义"，却仍认为"醜"字"本义当为丑陋，引申为可恶之义"。再比如，高华平认为甲骨文"丑"字取象"骈拇""枝指"之形，本义是丑陋，当"丑"字被假借用于表示地支专名后，人们又新造了"醜"字来表示"丑"字的本义（丑陋）。这些意见未顾及早期用例，恐怕难以成立。参见李学勤主编《字源》，天津：天津古籍出版社，沈阳：辽宁人民出版社，2012 年，第 807 页；高华平《中国先秦时期的美、丑概念及其关系：兼论出土文献中"美"、"好"二字的几个特殊形体》，《哲学研究》2010 年第 11 期，第 52—59 页；高华平《"丑"义探源》，《中国文化研究》2009 年春之卷，第 150—154 页。

　　鬼饮酒和为神所弃是如何建立起联系的呢？在殷墟早、中期的卜辞中，关于献祭活动的占卜占了很大的比例，内容涉及献祭的时间、祭品的种类和数量等。商人和周人都把灾祸看作天谴（神谴）的表象，不同之处在于，周人认为天谴的原因是德行有缺，而商人则认为诸神降祸是因为祭品没有让其满意。所以，对于“醜”字的形义关系，较为合理的解释是：饿鬼偷喝了本该献祭给神的酒，导致献祭的主体被神抛弃。

　　有必要就“饿鬼”一词略作说明。该词虽然在佛教传入后流布方广，但其实至晚在秦统一前后就已出现。睡虎地秦墓竹简《日书》云：“凡鬼恒执匱以入人室，曰：‘气（气）我食’云，是是饿鬼。以屢投之，则止矣。”① 其中的“饿鬼”，或认为指饿死的人变成的鬼，② 或认为指挨饿受饥之鬼。③ 更早的文献未见“饿鬼”，却有反映相关观念的记载。《左传·宣公四年》：“鬼犹求食，若敖氏之鬼不其馁而？”④ 《左传·昭公七年》：“鬼有所归，乃不为厉。”⑤ 事实上，与饿鬼相关的观念很可能是与鬼魂观念同时产生的。陈梦家早就指出：“鬼有善恶两义。先祖的灵魂不灭，巫祝戴顛头以存之，其职曰鬼，而亡人之魂亦曰鬼……由先祖的鬼魂进而以先祖为神……”⑥ 在商人的观念里，

---

① 睡虎地秦墓竹简整理小组编《睡虎地秦墓竹简》释文注释，北京：文物出版社，1990年，第214页。
② 魏德胜：《〈睡虎地秦墓竹简〉语法研究》，北京：首都师范大学出版社，2000年，第93页。
③ 李明晓：《“饿鬼”考源》，《古汉语研究》2006年第4期，第92页。
④ 左丘明传，杜预注，孔颖达正义《春秋左传正义》卷第二十一，浦卫忠等整理，杨向奎审定，北京：北京大学出版社，2000年，第700页。
⑤ 左丘明传，杜预注，孔颖达正义《春秋左传正义》卷第四十四，浦卫忠等整理，杨向奎审定，北京：北京大学出版社，2000年，第1436页。
⑥ 陈梦家：《商代的神话与巫术》，《陈梦家学术论文集》，北京：中华书局，2016年，第115页。

王室的祖先去世后能够宾于上帝，普通人死后则会以鬼的形式继续存在。既然祖先神需要被供养，那么鬼当然也需要吃喝。两者在"事死如事生"的层面上是一致的。由此推之，那些得不到供养的鬼也就成了饿鬼。

综上所述，商人的祭祀本身是一种巫术，而早期饕餮纹是这种巫术中的重要一环，殷商先民在礼器上装饰饕餮纹的最初目的，很可能是为了恐吓所祭对象之外的饿鬼，以防止它们偷食神圣的祭品。

第五节　商代晚期饕餮纹的主要功能

商代后期的饕餮纹以多样化和夸张的角形为最大特征。饕餮纹的多样化与角形的分化关系很大。

饕餮纹的角主要分为三类：第一类是棒槌形角，有这类角的饕餮纹相当于龙纹或龙首纹；第二类是牛角、羊角等，这类角能够在现实世界中找到对应的原型；第三类角既不是想象世界的龙的棒槌角，也不是现实世界的动物的角。龙纹和上一节提到的虎（纹）在辟邪的意义上具有一致性，需要做出解释的是有后两类角的饕餮纹。

先来看有第二类角的饕餮纹。说起这类饕餮纹，研究者大多会提到出土于河南安阳武官北地 1004 号墓的牛方鼎和鹿方鼎（图 2-15），其四壁以及器足分别饰有牛面饕餮纹和鹿面饕餮纹，且两器内底各有象形程度较高的"牛"字和"鹿"字（图 2-16）。但关于这两例饕餮纹的意义，学界存在不同的解读。

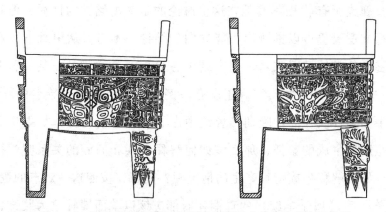

图 2-15　河南安阳武官北地 1004 号墓出土的牛方鼎和鹿方鼎

资料来源：杨锡璋：《殷墟青铜器概论》，《中国青铜器全集》编辑委员会编《中国青铜器全集》第 2 卷，北京：文物出版社，1997 年，第 3 页。

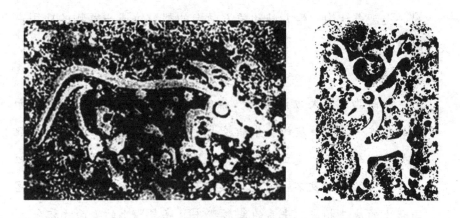

图 2-16　牛方鼎和鹿方鼎内的铭文

资料来源：《中国青铜器全集》编辑委员会编《中国青铜器全集》第 2 卷，北京：文物出版社，1997 年，图版说明第 21 页。

　　有些学者似乎认为牛方鼎、鹿方鼎上的饕餮纹是牛族、鹿族的象征——至于表示上帝、祖先或其他暂且不论。林巳奈夫说："原则上来讲，这些铭文应该是器主之族徽，也被称为图像文字，类似的例子不计其数。因此，这两个方鼎应该为以水牛形、鹿形作为族徽的水牛族以及鹿族所有。"① 尽管他在这里讨论的是鼎内铭文的性质，但我们根据行文逻辑仍可以推测出可能导向的结论。不过，从甲骨卜辞和商代饕餮纹的整体情况来看，这个结论恐怕是站不住脚的。其一，卜辞中的"鹿"字和"牛"字，还没有一例可以确定为用作族名的。② 其二，牛面饕餮纹在商代晚期饕餮纹中占了比较大的比重，如果牛面饕餮纹是所谓牛族的象征，那么该如何解释牛族和商族的关系呢？换言之，该如何解释牛族喧宾夺主的情况呢？其三，按照这一观点的逻辑，有"羊"字（属于羊族）的青铜礼器都应该以羊面饕餮纹为装饰，然而事实并非如此。由此看来，认为牛方鼎和鹿方鼎上的饕餮纹象征牛族、鹿族的观点很难成立。

另一类观点认为，牛方鼎和羊方鼎上的饕餮纹或与器物的功用有关。陈梦家说：

　　就西北冈两大方鼎而言，鼎内的一个铭文恐非"族名"，而系指明这个鼎的性质的。牛鼎较大于鹿鼎，可能即表示烹牛烹鹿之异。这个论断，建立于三个假定上：（1）器制大小与所烹之牲体有关；（2）铭文不一定是"族名"；（3）鹿鼎的象形"鹿"字与器上的鹿头相应，牛鼎的象形"牛"字与器上的兽面纹相应。③

上述分析同样是针对鼎内铭文的性质的。根据陈梦家所说的第三

---

① 林巳奈夫：《神与兽的纹样学：中国古代诸神》，常耀华等译，北京：生活·读书·新知三联书店，2016年，第13页。林巳奈夫的意见并非学界的主流意见，但今天的学者中仍不乏赞同者。比如李树浪就认为："商周青铜鼎内壁通常只铸铭文不饰花纹，此牛形符号很可能是族徽铭文。"参见李树浪《试论商周青铜器侧身牛纹》，《考古与文物》2018年第2期，第68页。

② 参见徐中舒主编《甲骨文字典》，成都：四川出版集团·四川辞书出版社，2014年，第78、1080页。

③ 陈梦家：《殷代铜器》，《陈梦家学术论文集》，北京：中华书局，2016年，第410页。

个假定，我们可知他的意见大致是：牛鼎上的饕餮纹表示此鼎用于烹牛，而鹿鼎上的饕餮纹则表示此鼎用于烹鹿。国外学者也提出过类似的观点。艾兰说：“那些后来比较写实的动物纹饰，我想它们是强调饮食主题，它们都是祭祀的祭品（包括人祭在内），即便它不是全部的祭牲。”① 白川静则更进一步：“在殷代青铜器花纹中，附加牛头，或者具有牛角状角饰的兽面纹之类颇多。这岂不是由于牛作为牺牲不仅为了祭礼飨宴，而且具有以刺激大地生产力为目的的农耕仪礼的意义吗？”②

冯时认为，“古人制器，无不以器体现思想，如鼎有方圆之别，圆鼎象天，方鼎象地。古礼祭天以犊，故圆鼎盛肉；地载万物，遂方鼎盛谷”，既然方鼎是用来盛放谷物的，那么主张牛方鼎和鹿方鼎原本分别盛以牛、鹿的认识就难以成立了。他由此提出了一种新的解释：

　　事实上，这两件为丧仪特别制作的方鼎具有明确的宗教意义。二鼎置于南墓道与墓室的交界处，这里正是墓主灵魂升天的起点，而侯家庄一五〇〇号墓于象征升天通途的南墓道中摆有作为升天灵跻的石龙、石牛和石虎，相同的石牛也放置于妇好墓椁顶上方的中央，而且与一五〇〇号墓作为灵跻的石牛形制相同，这意味着牛方鼎上绘铸的牛应该具有与此相同的喻意。

① 艾兰：《早期中国历史、思想与文化》（增订版），杨民等译，北京：商务印书馆，2011年，第213页。
② 白川静：《中国古代民俗》，何乃英译，西安：陕西人民美术出版社，1988年，第157页。关于中国人从什么时候开始使用牛耕的问题，学界尚有争议。过去，郭沫若认为“殷人已经发明了牛耕”，但近来的研究表明，用牛犁地到战国时期尚不普及。参见郭沫若《奴隶制时代》，郭沫若著作编辑出版委员会编《郭沫若全集·历史编》第3卷，北京：人民出版社，1984年，第21页；袁靖《动物寻古：在生肖中发现中国》，桂林：广西师范大学出版社，2023年，第67页。

方鼎所绘的牛全形写实，不同于古文字"牛"以两角为特征的抽象描写，证明这是图画而非文字。殷人占卜多用牛骨和龟腹甲，牛为通天灵跻，于五行属土象地，其与龟为天然的宇宙模型，且以龟腹甲象五方大地一样，体现的都是据地达天的通神观念。而鹿作为早期四象体系的北宫之象远产生在玄武之前，其具有辅佐墓主人灵魂升天的作用，这一传统甚至可以追溯到公元前五千纪的新石器时代。属于殷王的大小两件牛、鹿方鼎置于灵魂升天的途中，这种情况与妇好墓于椁顶上方陈设阴阳两件粢盛玉簋，并于其上层摆放刻有"司辛"文字的南向石牛的做法如出一辙，反映了对墓主人于升天途中乃至升入帝廷后饱食无忧的祈愿，所不同的是，二者仅在以铜鼎和玉簋区分殷王与王配的身份差异而已。①

如果商人确实有"圆鼎盛肉""方鼎盛谷"的习俗，那么冯时对以陈梦家为代表的主流意见的批驳很可能是成立的。遗憾的是，笔者并未查找到这一说法的可靠依据。事实上，冯时的解释就是张光直的假说在牛方鼎和鹿方鼎的饕餮纹上的具体应用。②他对主流意见的反驳更像是在为张光直的假说争取一席之地。

通过比较，对有第二类角（现实的动物的角）的饕餮纹最合理的解释应该是：它们是祭牲的图像；青铜器的制作者在青铜器上装饰它们，主要目的是表达"祭祀"这个主题。

那么，第三类角（与龙和现实动物均无关的角）又是怎么回事呢？比较合理的解释或许是这样：青铜器的制作者受到传统的影响，

---

① 冯时：《器以载道》，《读书》2020年第4期，第105、106页。
② 关于张光直的"巫跻说"的问题，参见本章第一节的内容。

有时可能并不那么坚定地想要绘铸祭牲的图像，又或者不希望表现祭牲的饕餮纹因过于写实而丧失了必要的威严感和神秘感，于是就在有意无意之间创作了角形无明确所指的那一类饕餮纹。实际上，除了角的"变形"之外，制作者这种"游移不定"的态度还体现在多个方面。比如，有些牛面饕餮纹，虽然整体上已很写实，但在牛嘴部分却添上了尖牙。如果我们把视野放得再稍稍大一些，就会发现西周早期的许多饕餮纹都兼有虎耳（头顶位置）和牛耳（头部的两侧）。

图 2-17 有尖牙的牛面饕餮纹（殷墟晚期）

资料来源：上海博物馆青铜器研究组编《商周青铜器文饰》，北京：文物出版社，1984 年，第 75 页。

图 2-18 兼有虎耳和牛耳的饕餮纹（西周早期）

资料来源：上海博物馆青铜器研究组编《商周青铜器文饰》，北京：文物出版社，1984 年，第 68 页。

综上所述，随着角形取代目形成为整个图像最引人注意的部分，商代饕餮纹功能的重心也呈现出由辟邪向表达献祭主题转移的趋势。

这种微妙的变化表明，人们不再像过去那样如此地关心祭品到底有没有被神享用。在这个方面，饕餮纹的变化和殷墟甲骨卜辞的变化是完全一致的。艾兰敏锐地发现，"在第一期的卜辞中，国王通过替换祭品来确定上述一切【笔者按：指祭牲的数目、雌雄、颜色等等】是否合适正确；到了第五期，这个仪式已经被纳入规范，所以国王只要去宣布和核实一下占卜的仪式即可，毕竟这是可预见其吉祥的仪式了"①。也就是说，献祭之后获得神佑从一个或然的事件（献祭未必都能成功）变成了一个必然的事件（献祭一定有效）。青铜礼器作为获取权力之手段的色彩渐渐淡去，作为权力之象征的色彩则变得浓厚起来。商代的统治阶级开始更在意如何借助饕餮纹来彰显自己的荣耀——从这个角度出发，我们便不难理解，为何饕餮纹会变得越来越繁复，它的角会变得越来越夸张。

商代晚期的赏赐纪功铭文可以佐证以上结论。众所周知，商代金文的作用以标记器主为主，但在帝乙、帝辛两代的青铜器上，比过去字数多得多的赏赐纪功铭文突然出现。以著名的二祀邲其卣为例，其铭文大意是："在丙辰这一天，商纣王命令邲其巡视夆地，在附近雍地田猎，并赠送夆地酉首一双鹿皮。夆地酉首返赠邲其五串贝。时值商王室祭祀大乙的配偶妣丙。这些都发生在商纣王二年，肜日祭祀时期的正月。这样，邲其对天上的上帝和下帝商王就都有了贡献。"② 青铜礼器在这

① 艾兰：《早期中国历史、思想与文化》（增订版），杨民等译，北京：商务印书馆，2011年，第52页。同时参见艾兰《龟之谜：商代神话、祭祀、艺术和宇宙观研究》（增订版），汪涛译，北京：商务印书馆，2010年，第53页。艾兰所述是殷墟早期和殷墟晚期的变化，我们由此可以推想二里岗期与殷墟晚期之间的变化会有多么显著。

② 译文引自故宫博物院的图版解说。

里被当作"功劳簿"，从而具有了巫鸿所说的"纪念碑性"①。

第六节　商代饕餮纹功能演变的美学史意义

形式的历时性变化表明，饕餮纹的功能不是一成不变的。商代早期，祭祀活动能否成功是人们最担心的事情，为了吓阻饿鬼偷食献给神灵的祭品，人们在青铜礼器上绘铸了被认为蕴藏神秘力量的饕餮纹。到了商代晚期，祭祀活动已趋程式化，人们不再像过去那样关心祭品到底有没有被神灵享用，饕餮纹功能的重心遂由吓阻饿鬼转向彰显青铜器主人的荣耀。

传统史学叙事通常将商文明看作神权政治的典型标本，将周公"制礼作乐"视为人文精神觉醒的里程碑。这一结论当然不能说是错的，但其标签式的认知范式极容易给人一种误导，即以为如果没有小邦周替代大邑商，就不会发生神本主义向人本主义的转型。的确，与夏、周相比，商文明在整体上有其鲜明的特点，所谓"殷人尊神，率民以事神""周人尊礼尚施，事鬼敬神而远之"②。然而，商文明本身

---

① 关于"纪念碑性"，参见巫鸿《中国古代艺术与建筑中的"纪念碑性"》，李清泉等译，上海：上海人民出版社，2017 年，第 23—140 页。珀西瓦尔·耶茨在分析商周青铜艺术的心理背景时说："即便当表演是抚慰祖先或抬高家族威望时，似乎也大抵千篇一律地是出于自我吹嘘的冲动。"转引自克劳德·列维-斯特劳斯《结构人类学：巫术·宗教·艺术·神话》，陆晓禾、黄锡光等译，北京：文化艺术出版社，1989 年，第 107 页。商代早期的青铜礼器与所谓"自我吹嘘"风马牛不相及，但到了商代晚期，尤其是帝乙、帝辛两代，青铜礼器或许的确具备了这一意味。

② 《礼记·表记》："子曰：'夏道尊命，事鬼敬神而远之，近人而忠焉。先禄而后威，先赏而后罚，亲而不尊。其民之敝，蠢而愚，乔而野，朴而不文。殷人尊神，率民以事神，先鬼而后礼，先罚而后赏，尊而不亲。其民之敝，荡而不静，胜而无耻。周人尊礼尚施，事鬼敬神而远之，近人而忠焉。其赏罚用爵列，亲而不尊。其民之敝，利而巧，文而不惭，贼而蔽。'子曰：'夏道未渎辞，不求备、不大望于民，民未厌其亲。殷人未渎礼，而求备于民。周人强民，未渎神，而赏爵刑罚穷矣。'"参见郑玄注，孔颖达疏《礼记正义》卷第五十四，龚抗云整理，王文锦审定，北京：北京大学出版社，2000 年，第 1732—1734 页。

不是"一个点"而是"一个线段"，在长达四百多年的时间里，商文明内部也在不断地发展（其变化的速度很可能超过了大多数人的想象）。因此，以高度简约化了的古老印象为基础的先入之见其实是非常值得怀疑的。

本章的结论为学界重新审视商周之变的性质提供了契机。商代饕餮纹由完全为神服务向主要为人服务的转变，意味着"祛除巫魅"和"理性化"进程在早期中国是以连续的、渐进（或者说渐进与突变相结合）的方式发生的。它不仅印证了张光直所说的中华文明"连续性"理论，而且十分难得地将这种"连续性"以可见的方式呈现给今天的人们——从二里岗到殷墟，我们看到的是一幅神圣与世俗不断对话、调适的动态画卷。

这里有必要谈一谈学界关于"狞厉的美"的争论。所谓"狞厉的美"是李泽厚在《美的历程》中提出的概念。他说："各式各样的饕餮纹样及以它为主体的整个青铜器其他纹饰和造型、特征都在突出这种指向一种无限深渊的原始力量，突出在这种神秘威吓面前的畏怖、恐惧、残酷和凶狠。……它们完全是变形了的、风格化了的、幻想的、可怖的动物形象。它们呈现给你的感受是一种神秘的威力和狞厉的美。"① 李泽厚的这个观点影响极大，朱立元主编的《美学大辞典》所收词条里就包含了"狞厉美"②。

然而，许多学者对"狞厉美"的表述是否恰当表示了怀疑。陈建军、张晓刚等认为先民与现代人有着完全不同的视觉环境和视觉经验，今天的人在观看饕餮纹时的心理感受不能作为还原上古语境的依据。陈建军说："的确，当我们注视那些纹饰张嘴睁目的形态时，感

① 李泽厚：《美的历程》，北京：生活·读书·新知三联书店，2009 年，第 38 页。
② 参见朱立元主编《美学大辞典》（修订本），上海：上海辞书出版社，2014 年，第 51 页。

受到的无疑是畏怖、恐惧，是残酷、凶狠的'狞厉'之美，但当商周人注视这些纹饰时，他们的感受是否和我们相同呢？如果商周人面对饕餮纹，不能和我们一样产生畏怖、恐惧的感受，则饕餮纹对于他们，对于当时的社会生活，就不应该是残酷、恐怖的象征。……在青铜器纹饰及其他上古纹饰的研究中，研究者首先应避免的是心理因素的干扰，尤其是因自己视觉反映而产生的心理因素的干扰。如这心理因素影响了研究者的考察，甚至成为研究的确定性标准，并包含在陈述的意义中，那么其研究价值就令人怀疑。"① 张晓刚说："（我们不能）想当然地以眼前所见来臆测几千年前的历史真实面貌。具体到青铜饕餮的'狞厉'感作为历史积淀之果和启蒙以后意识形态的判断，可能符合我们当前的审美经验，但这并不能证明先民们在器物制作之初就有了这样自觉的思想意识。"② 赵之昂则认为，关于饕餮纹引起的视觉效果和心理感受，不是不能说，而是李泽厚说错了："（李泽厚'狞厉'的概括）对后来的商周青铜器文化内涵的深入研究产生了相当大的负面的误导作用，即在几十年的时间内限制了青铜器文化研究的思路，以至于在商周青铜器文化研究中出现大量的自相矛盾的研究结论。我们认为，殷商青铜器的审美意象不是'狞厉的美'，而是神圣、辉煌、雄厚、大度。"③

上述学者对"以今度古"方法的批判有一定的价值，但是彻底否定人类的共通感则未免过犹不及，一旦纠缠于"子非鱼，安知鱼之乐"的辩难，研究工作就无法继续了。按照本章的观点，我们或许可以这样来分析"狞厉美"等说法：在商代早期，先民更关心的

① 陈建军：《从饕餮纹说起》，《东南文化》2005 年第 5 期，第 71、73 页。该文又刊于《贵州大学学报》（艺术版）2005 年第 3 期，第 41—45 页。

② 张晓刚：《狞厉的美：对青铜纹饰的审美误读》，《新美术》2005 年第 4 期，第 70 页。

③ 赵之昂：《是"狞厉的美"还是雄厚大度？——对李泽厚"狞厉的美"的质疑》，《东岳论丛》2018 年第 11 期，第 153 页。

是饕餮纹的实用价值（即能否吓阻饿鬼）而非审美价值，这时候的饕餮纹主要给人——包括先民和现代人——一种狞厉的感觉，至于先民是否认为狞厉是美的，既不好判断，也不重要；商代晚期，随着功能的重心向彰显权力与财富转移，饕餮纹的审美价值变得越来越重要，其在狞厉之外又给人一种庄严、盛大的感觉。这种变化意味着艺术和美逐渐从神的世界走向世俗的世界，跨出了审美独立至关重要的一步。

附 "人虎"母题与饕餮纹的内涵

"虎食人"母题在饕餮纹研究中备受关注，讨论的对象集中于商代中期的龙虎纹尊（图 2-19）以及商代晚期的虎食人卣（图 2-20）、司母戊方鼎和妇好大铜钺（图 2-21）等。[①] 一般认为，这些器物上的"人物形象、动物形象及构图均相似，应为同一类型纹饰，具有相同的含义"[②]。至于到底是什么含义，研究者提出了多种假说。

一类观点认为，虎形表示虎方的祖先或保护神。在这类观点下，对人形的解释又分为三种：（1）表示被虎方征服的部落；（2）表示献给虎神的人牲；[③]（3）表示虎神的子孙。刘敦愿认为虎食人卣的造型

---

① 龙虎纹尊是商代中期的器物，面世的有两件，一件出土于安徽阜南，一件出土于四川三星堆。虎食人卣是商代晚期的器物，相传出土于湖南安化、宁乡交界处，面世的也有两件，一件藏于日本泉屋博古馆，另一件藏于法国赛努施基博物馆。关于哪些商周青铜器带"虎食人"母题，可以参见施劲松《论带虎食人母题的商周青铜器》，《考古》1998 年第 3 期，第 56—63 页。

② 徐良高：《商周青铜器"人兽母题"纹饰考释》，《考古》1991 年第 5 期，第 443 页。

③ 巫鸿曾指出："'怪兽食人'图像一直到商武丁时期仍被装饰在礼器和武器上。这实际上是一种'人祭'图像。……图案中的食人者是奴隶主祭祀的神灵，甚至就是奴隶主祖先神的象征，而被吞食的是被砍下的奴隶头部。"参见巫鸿《一组早期的玉石雕刻》，《美术研究》1979 年第 1 期，第 67 页。

可能表示虎哺乳人或人虎交媾，① 这个观点可归入（3）中。李学勤认为"虎食人或龙食人意味着人与神性的龙、虎的合一"②，这其实也是从（3）引申出来的。

图 2-19　龙虎纹尊（局部）

资料来源：《中国青铜器全集》编辑委员会编《中国青铜器全集》第 1 卷，北京：文物出版社，1996 年，图 118。

---

① 参见刘敦愿《云梦泽与商周之际的民族迁徙》，《江汉考古》1985 年第 2 期，第 47—57 页。笔者所述（1）（2）（3）的意见，刘敦愿在该文中已有总结。在刘敦愿之前，个别日本学者已将虎食人卣命名为乳虎卣。关于人虎交媾说，还可以参见俞伟超《古史的考古学探索》，北京：文物出版社，2002 年，第 51 页；林河《"马酱"之谜：兼论建立中国的文化考古学》，《东南文化》1993 年第 5 期，第 82—86 页。

② 参见李学勤《试论虎食人卣》，四川大学博物馆、中国古代铜鼓研究学会编《南方民族考古（第一辑）》，成都：四川大学出版社，1987 年，第 37—44 页。

图 2-20　虎食人卣

资料来源:《中国青铜器全集》编辑
委员会编《中国青铜器全集》第 4 卷,
北京:文物出版社,1996 年,图 152。

图 2-21　妇好大铜钺纹饰线描图

资料来源:张长寿:《流散的殷墟青铜
器》,《中国青铜器全集》编辑委员会编
《中国青铜器全集》第 1 卷,北京:文物出
版社,1996 年,第 21 页。

　　另一类观点强调虎作为动物的一面,根据对人形理解的不同具体
可分为五种(接上文编号):(4)人形表示巫师,虎是巫师沟通天地
的动物助手;[①]　(5)人形表示奴隶,"虎食人"母题是"奴隶社会阶
级斗争和阶级压迫的实物例证"[②];(6)人形表示敌人,"虎食人"母

---

① 参见张光直《美术、神话与祭祀》,郭净译,北京:生活·读书·新知三联书店,2013
　 年,第 64 页。
② 参见石志廉《谈谈龙虎尊的几个问题》,《文物》1972 年第 11 期,第 64—66 页。

题其实是战争致厄术（厌胜之一种）；[①]（7）人形表示人牲，虎食人象征献祭；（8）人形表示鬼魅，虎食人其实是虎食鬼。

以上诸意见中，（1）（2）（3）的实质都是对图腾理论的化用。本章第一节已对图腾主义进行了一定程度的反思。但由于这类说法的影响实在太大，所以详细的辨析还是很有必要的。

虎神说的一大依据是，"人虎"母题中的人并未展现恐惧的神情。王震中指出，虎食人卣中的人形，"虽说人头置于张开的虎口之下，但人的面部呈现的并不是恐惧或绝望，却显得祥和而平静，就整体而言，整个人形与虎处于相抱的态势，虎抱着人，人的双手搭在虎身上，依偎着虎，并不是猛虎撕裂、叼食人的样子"[②]。但问题在于，我们在商代遗物中本来就很难找到面部表情特别丰富的人物形象，我们也没有理由要求青铜器的制作者必须按照西方希腊化时期的雕塑作品《拉奥孔》那样去刻画恐惧和绝望。

虎神说的另一大依据是：甲骨卜辞中的虎方位于中国的南方，[③]而以虎为题材的青铜器也多见于南方。就这一点，反对虎神说的徐良高说："从几件器物的出土地点看，安徽阜南、甘肃灵台、河南安阳、四川广汉相隔遥远，看不出它们之间有什么内在联系。殷墟妇好墓所出人兽纹钺上刻'妇好'二字，证明为妇好生前自铸自用之

---

① 参见徐良高《商周青铜器"人兽母题"纹饰考释》，《考古》1991 年第 5 期，第 442—447 页。沈从文也曾指出："（商代）青铜兵器和其他器物上所反映形象，多来自异族劲敌，可能性更大。"参见沈从文《中国古代服饰研究》，《沈从文全集》第 32 卷，太原：北岳文艺出版社，2002 年，第 5 页。

② 王震中：《试论商代"虎食人卣"类铜器题材的含义》，中国文物学会、中国殷商文化学会、中山大学编《商承祚教授百年诞辰纪念文集》，北京：文物出版社，2003 年，第 115、116 页。

③ 李学勤指出"虎方应近于汉水流域"。丁山认为虎方在今安徽寿县附近："是虎方者，宗周所谓淮夷，春秋所谓群舒矣。"参见张懋镕《卢方·虎方考》，《文博》1992 年第 2 期，第 21 页；丁山《甲骨文所见氏族及其制度》，北京：中华书局，1988 年，第 150 页。

器，绝非某方国之物。同理，我们也很难相信司母戊大方鼎是某方国之物。从这两点可证虎纹图腾说是不能成立的。"① 王震中针锋相对地解释道：三星堆出土带有人虎组合纹饰的青铜器，是因为当时的蜀国和虎方有"亲密的交往"，"蜀国对虎方的族神、对虎方来源于虎的部族诞生神话是认同的，两个方国的统治阶层在精神领域有过很好的沟通"；而商王室成员在鼎耳上铸人虎组合纹饰，则是"想通过在祭祀活动中推崇虎方部族的诞生神话、推崇虎方的族神虎，在精神上维系与虎方的关系，以达到驾驭和控制虎方"的目的。② 不可否认，出土地的确是很重要的参考因素。③ 但安徽阜南等地究竟是虎方或其他方国的所在地，还是殷商在南方的前哨据点，学界其实是有争议的。也就是说，这些带有虎形的青铜器究竟是否属于虎方尚不可知。因此，我们恐怕还很难判断立足于出土地点的立论和驳论哪一方更可靠。

对于虎神说，比较有力的反驳是从虎形象的数量和位置出发的。彭明瀚在研究大洋洲商墓时发现，虽然虎形象在此墓出土的青铜器中特别引人注目，但这批青铜器上并不只有虎形象，也有其他动物的形象。他说："该墓008号大方鼎，双耳上各卧一虎，四足上又各饰一圆雕羊面，如果我们要说虎是图腾形象，又有什么理由否定羊不是图腾的形象呢？"④ 尽管这个例子很容易被虎神说的支持者利用（因为羊可

---

① 徐良高：《商周青铜器"人兽母题"纹饰考释》，《考古》1991年第5期，第445页。

② 王震中：《试论商代"虎食人卣"类铜器题材的含义》，中国文物学会、中国殷商文化学会、中山大学编《商承祚教授百年诞辰纪念文集》，北京：文物出版社，2003年，第113—124页。

③ 李济等许多考古学家都强调出土地点的重要性，但也有研究者表达了不同意见。例如，小韦伯（Geoge W. Weber, Jr.）曾在《晚周青铜器纹饰：一种分析方法》中指出，在考察器间关系时，青铜器本身及其纹饰比器物的出土地点更为重要。转引自艾兰《早期中国历史、思想与文化》（增订版），杨民等译，北京：商务印书馆，2011年，第234页。

④ 彭明瀚：《关于新干商墓虎形象的几个问题》，《南方文物》1993年第2期，第56页。

以被解释为献给虎神的牺牲），但彭明瀚的发现仍然极具价值。研究者往往只注意到虎形多出自南方，而没有发现虎形在这些青铜器中并没有数量上的绝对优势，除此之外，虎形在器物上也大多不占据核心位置而仅仅作为附饰出现。

虎神说的问题就讲到这里。至于观点（4），本章第一节已经做了简要的辨析，此处不再赘述；观点（5）为特殊年代的观点，已为今天的学者所弃，所以也无须多言；至于观点（6），即所谓战争致厄术——持这一假说的研究者往往以汉武帝时的巫蛊之祸为旁证——其实质是人操纵战争的胜败，这与商人的观念（神是战争的主宰）背道而驰，也是很容易排除的。

比较下来，观点（8）最为合理，即"人虎"母题表现的是虎食鬼的场景，所谓"人"其实是鬼。何新认为，龙虎尊和虎食人卣，"虎所食者虽具有人形，但形象颇狞厉，周身绘有怪纹——应正是鬼魅的象征"[1]。马承源曾经说过："尽管自商代至战国相隔时间相当长，但其【笔者按：指'虎食人'及相关题材】表现的主题却没有改变，都是体现龙、虎等物的神秘的威慑力量，其作用在于辟邪。我们虽无法指出青铜器上虎所食的怪人是什么，但是虎食鬼的神话应是相当古老的。"[2] 马承源所说的"虎食鬼的神话"，本章第四节已引《论衡》《风俗通义》等资料做了说明。马先生因为没有找到可靠依据，所以尽管谈到了"虎食鬼的神话"，但仍然抱着谨慎的态度，未轻言"怪人"就是鬼。对此，本章也已经通过解释"醜"字的形义关系为虎食鬼之说提供了有力的证据。

这里需要强调的是，虎之所以被认为能食鬼、驱鬼，是因为人

---

[1] 何新：《诸神的起源》，北京：北京工业大学出版社，2007年，第185页。

[2] 马承源：《商周青铜器纹饰综述》，上海博物馆青铜器研究组编《商周青铜器文饰》，北京：文物出版社，1984年，第16页。

们知道虎会吃人。殷商先民在青铜器上刻画虎形，只是取其凶猛的特点，而不是因为"虎是制鬼之神"①。上博楚简《三德》篇有这样一段话：

> 死于扨（刃）下。豻貌臥（食）虎，天无不从。好昌天从之，好贎（旺）天从之；好龙（？）天从之，好长天从之。川（顺）天肯（之时），记（起）地之……②

据李零的分析，豻貌即狮子："'豻貌'，上字是来母字，以 L 为声母。狮子，希腊语作 leon，拉丁语作 leo。显然，这是希腊语或拉丁语的音译。"李零还指出，这里的"豻貌臥（食）虎"就是《尔雅·释兽》的"狻麑如虦猫，食虎豹"③。在这篇简文中，狮子吃老虎被当作一种祥瑞。《后汉书·礼仪志》有类似的记载。在汉代，腊祭的前一天要举行"逐疫"仪式。其唱词曰："甲作食殒，胇胃食虎，雄伯食魅，腾简食不祥，揽诸食咎，伯奇食梦，强梁、祖明共食磔死寄生，委随食观，错断食巨，穷奇、腾根共食蛊。凡使十二神追恶凶，赫女躯，拉女干，节解女肉，抽女肺肠。女不急去，后者为粮！"④ 甲作、胇胃、雄伯等是"逐疫"的十二神兽。虎在这里不仅不吃鬼，反而成了和鬼魅一样的凶物。

最后，借"人虎"母题再谈一谈饕餮纹的内涵。在本章的解释框架中，商代中期兴起的"人虎"母题其实是商代早期饕餮纹主要功能

---

① 何新：《诸神的起源》，北京：北京工业大学出版社，2007年，第186页。

② 马承源主编《上海博物馆藏战国楚竹书（五）》，上海：上海古籍出版社，2005年，第144、285—303页。

③ 李零：《"国际动物"：中国艺术中的狮虎形象》，《万变：李零考古艺术史文集》，北京：生活·读书·新知三联书店，2016年，第329—387页。

④ 范晔撰，李贤等注《后汉书》志第五，北京：中华书局，1965年，第3128页。

的具象化呈现。从这个角度看，早期饕餮纹所表示的很可能就是老虎（更准确的说法或许是带飞翼的老虎）。但老虎也可能只是表象而已，因为蚩尤（饕餮）同样符合以恶制恶、以暴制暴的逻辑。① 《史记》："蚩尤作乱，不用帝命。于是黄帝乃征师诸侯，与蚩尤战于涿鹿之野，遂禽杀蚩尤。而诸侯咸尊轩辕为天子，代神农氏，是为黄帝。"② 《太平御览》引《龙鱼河图》："蚩尤殁后，天下复扰乱不宁，黄帝遂画蚩尤形像以威天下。天下咸谓蚩尤不死，八方万邦皆为弭伏。"③ 黄帝利用蚩尤强大的威慑力令八方万邦弭伏，商人自然也会利用蚩尤强大的威慑力迫使饿鬼避而远之。从形式与内涵的联系来说，饕餮纹也极有可能表示蚩尤（饕餮）。一方面，饕餮纹中有不少龙首饕餮纹，其他类型的饕餮纹有的也兼有一些龙（蛇）元素，而孙作云等学者早已论证过蚩尤和龙（蛇）的关系。另一方面，虎面饕餮以及其他饕餮纹中的虎元素也与蚩尤密切相关。蚩尤主兵，虎亦主兵。《太平御览》引《春秋元命苞》："蚩尤虎捲，威文立兵。"宋均注曰：捲，手也；手文，威字也。④ 张衡《西京赋》曰："于是蚩尤秉钺，奋鬛被般。禁御不若，以知神奸。魑魅魍魉，莫能逢旃。"⑤ 毛苌曰：鬛般，虎皮也。综合起来看，饕餮纹本是蚩尤（饕餮）图像的可能性非常大。

---

① 同一逻辑下的假说还包括：饕餮纹是魌的图像、方相氏的图像等。

② 司马迁撰，裴骃集解，司马贞索引，张守节正义《史记》卷第一，北京：中华书局，2014 年，第 4 页。

③ 李昉等编撰《太平御览》卷第七十九，文渊阁《四库全书》第 893 册，台北：台湾商务印书馆，1984 年，第 753 页上栏。

④ 李昉等编撰《太平御览》卷第二百七十，文渊阁《四库全书》第 895 册，台北：台湾商务印书馆，1984 年，第 512 页上栏。

⑤ 张衡：《西京赋》，萧统编，李善注《文选》卷第二，上海：上海古籍出版社，2019 年，第 70 页。

图 2-22　汉代蚩尤画像

资料来源：《中国画像石全集》编辑委员会编《中国画像石全集》第 1 卷，济南：
山东美术出版社，郑州：河南美术出版社，2000 年，第 143 页。

第三章

"绝地天通"考释

"绝地天通"语出《尚书·周书》，又见于《国语·楚语》。《山海经》《墨子》等早期文献也有相关信息的记载。

古今学者对"绝地天通"都给予了极大的关注。古人之所以关注它，是因为《尚书》位列"五经"。古人能够从中见出治国理政的经验教训，并以此为现实政治服务。今天的研究者之所以关注它，大多是因为把它看作中华文明起源过程中的重要一环。人们认为"绝地天通"记录了阶级分化、职官建立等诸多文明发展史上的重大事件，希望借此来做"重构上古史"的工作。①

如果抛开"绝地天通"不论，今天关于许多起源问题的猜想是很有启发性的。但研究者们既没有发现"绝地天通"一词在《尚书·周

---

① 也有一些例外。黄玉顺认为"绝地天通"观念的实质是人与人的隔绝，具体表现为"礼以别异"的"别"；他认为"民神不杂"是"一种本源的生活领悟"，而"绝地天通"的发生则是"这种本源情境的打破"，所以研究"绝地天通"的目的，在于"引导我们从'天人相分''人神不杂'的礼制秩序向'天人合一''人神杂糅'的生活本源的回归，而将我们带向当下的本源的生活领悟"。参见黄玉顺《绝地天通：天地人神的原始本真关系的蜕变》，《哲学动态》2005年第5期，第8—11页；黄玉顺《绝地天通：从生活感悟到形上建构》，《湖南社会科学》2005年第2期，第16—18页。

书》和《国语·楚语》中有着截然不同的内涵，径直将所谓"讲得更详细也更容易懂"的后者作为主要甚至唯一的分析对象，也没有准确理解"绝地天通"在《国语·楚语》中的意思，所做的工作其实是脱离原始文本、原始语境的自说自话。

本章首先分析古人释"绝地天通"的内在理路，介绍今天的主流观点；然后通过文本细读，分析"绝地天通"在《尚书·周书》和《国语·楚语》中的不同内涵；最后揭示"绝地天通"所反映的观念在美学史上的意义。

第一节　古人对"绝地天通"的解释

《尚书·吕刑》如是记载：

惟吕命王："享国百年，耄荒。度作刑，以诘四方。"

王曰："若古有训，蚩尤惟始作乱，延及于平民，罔不寇贼鸱义，奸宄夺攘矫虔。苗民弗用灵，制以刑，惟作五虐之刑曰法，杀戮无辜。爰始淫为劓、刵、椓、黥。越兹丽刑，并制，罔差有辞。民兴胥渐，泯泯棼棼，罔中于信，以覆诅盟。虐威，庶戮方告无辜于上。上帝监民，罔有馨香，德刑发闻惟腥。皇帝哀矜庶戮之不辜，报虐以威，遏绝苗民，无世在下。乃命重黎**绝地天通**，罔有降格。"

"群后之逮在下，明明棐常，鳏寡无盖。皇帝清问下民，鳏寡有辞于苗。德威惟畏，德明惟明。乃命三后恤功于民：伯夷降典，折民惟刑；禹平水土，主名山川；稷降播种，农殖嘉谷。三后成功，惟殷于民。士制百姓于刑之中，以教祗德。穆穆在上，明明在下，灼于四方，罔不惟德之勤。故乃明于刑之中，率乂于民棐彝。典狱非讫于威，惟讫于富。敬、忌，罔有择言在身。惟克天德，自作元命，配享在下。"

王曰："嗟！四方司政典狱，非尔惟作天牧？今尔何监，非时伯夷播刑之迪？其今尔何惩？惟时苗民匪察于狱之丽，罔择吉人观于五刑之中，惟时庶威夺货，断制五刑，以乱无辜。上帝不蠲，降咎于苗。苗民无辞于罚，乃绝厥世。"

王曰："呜呼！念之哉！伯父、伯兄、仲叔、季弟、幼子、童孙，皆听朕言，庶有格命。今尔罔不由慰曰勤，尔罔或戒不勤。天齐于民，俾我一日，非终惟终在人。尔尚敬逆天命，以奉我一人。虽畏勿畏，虽休勿休，惟敬五刑，以成三德。一人有庆，兆民赖之，其宁惟永。"

……①

《吕刑》的叙述者是西周的第五位天子姬满（即周穆王）。当时，

---

① 参见孔安国传，孔颖达疏《尚书正义》卷第十九，廖名春、陈明整理，吕绍纲审定，北京：北京大学出版社，2000年，第629—640页；孔安国传，孔颖达正义《尚书正义》卷第十九，黄怀信整理，上海：上海古籍出版社，2007年，第770—781页；孙星衍《尚书今古文注疏》卷第二十七，陈抗、盛冬铃点校，北京：中华书局，1986年，第517—530页。此三个版本（为方便起见，以下简称北大版、上古版、书局版）在句读上多有龃龉，现将最重要的几处罗列如下：（1）北大版、上古版："惟吕命，王享国百年，耄荒，度以刑，以诘四方。"书局版："惟吕命王：'享国百年，耄荒，度以刑，以诘四方。'"（2）北大版、书局版："罔不寇贼，鸱义奸宄，夺攘矫虔。"上古版："罔不寇贼鸱义，奸宄夺攘矫虔。"（3）北大版："苗民弗用灵，制以刑，惟作五虐之刑曰法。杀戮无辜，爰始淫为劓、刖、椓、黥。越兹丽刑并制，罔差有辞。"上古版："苗民弗用灵，制以刑，惟作五虐之刑，曰法。杀戮无辜，爰始淫为劓、刖、椓、黥。越兹丽刑，并制罔差有辞。"书局版："苗民弗用灵，制以刑，惟作五虐之刑曰法，杀戮无辜。爰始淫为劓、刖、椓、黥，越兹丽刑，并制，罔差有辞。"（4）北大版、上古版："虐威庶戮，方告无辜于上。"书局版："虐威，庶戮方告无辜于上。"（5）北大版、上古版："上帝监民，罔有馨香，德刑发闻惟腥。"书局版："上帝监民，罔有馨香德，刑发闻惟腥。"（6）北大版、书局版："天齐于民，俾我一日，非终惟终在人。"上古版："天齐于民，俾我。一日非终，惟终在人。"文中的标点、分段是综合考量各家意见并参以笔者己意后的结果。

社会矛盾有激化的迹象，周穆王为此训诫诸侯，其中提到了"绝地天通"——这也是"绝地天通"一词最早的记载。

大约五百年后，楚昭王读《周书》至此，对"绝地天通"的来龙去脉十分好奇，于是向有"国宝"之誉的观射父请教。[①]《国语·楚语》记录了这次重要的君臣问对：

> 昭王问于观射父，曰："《周书》所谓重、黎寔使天地不通者，何也？若无然，民将能登天乎？"

> 对曰："非此之谓也。古者民神不杂。民之精爽不携二者，而又能齐肃衷正，其智能上下比义，其圣能光远宣朗，其明能光照之，其聪能听彻之，如是则明神降之，在男曰觋，在女曰巫。是使制神之处位次主，而为之牲器时服，而后使先圣之后之有光烈，而能知山川之号、高祖之主、宗庙之事、昭穆之世、齐敬之勤、礼节之宜、威仪之则、容貌之崇、忠信之质、禋洁之服，而敬恭明神者，以为之祝。使名姓之后，能知四时之生、牺牲之物、玉帛之类、采服之仪、彝器之量、次主之度、屏摄之位、坛场之所、上下之神、氏姓之出，而心率旧典者为之宗。于是乎有天地

---

① 楚昭王对此问题感兴趣可能有两方面的原因。一是在楚昭王即位那年（公元前516年），周王室发生了王子朝奔楚事件，王子朝带走了大量周室典籍。《左传·昭公二十六年》："九月，楚平王卒。令尹子常欲立子西，曰：'大子壬弱，其母非适也，王子建实聘之。子西长而好善。立长则顺，建善则治。王顺国治，可不务乎？'子西怒曰：'是乱国而恶君王也。国有外援，不可渎也；王有适嗣，不可乱也。败亲速仇，乱嗣不祥，我受其名。略吾以天下，吾滋不从也。楚国何为？必杀令尹！'令尹惧，乃立昭王。冬，十月丙申，王起师于滑。辛丑，在郊，遂次于尸。十一月辛酉，晋师克巩。召伯盈逐王子朝，王子朝及召氏之族、毛伯得、尹氏固、南宫嚚奉周之典籍以奔楚。"二是据《国语》《史记》等记载，重黎即祝融，楚人奉祝融为远祖，曾因夔国国君不祭祀祝融而灭夔。《左传·僖公二十六年》："夔子不祀祝融与鬻熊，楚人让之。对曰：'我先王熊挚有疾，鬼神弗赦而自窜于夔。吾是以失楚，又何祀焉？'秋，楚成得臣、斗宜申师灭夔，以夔子归。"参见左丘明传，杜预注，孔颖达正义《春秋左传正义》卷第五十二、卷第十六，浦卫忠等整理，杨向奎审定，北京：北京大学出版社，2000年，第1693、1694、496、497页。

神民类物之官，是谓五官，各司其序，不相乱也。民是以能有忠信，神是以能有明德，民神异业，敬而不渎。故神降之嘉生，民以物享，祸灾不至，求用不匮。

"及少皞之衰也，九黎乱德，民神杂糅，不可方物。夫人作享，家为巫史，无有要质。民匮于祀，而不知其福。烝享无度，民神同位。民渎齐盟，无有严威。神狎民则，不蠲其为。嘉生不降，无物以享。祸灾荐臻，莫尽其气。颛顼受之，乃命南正重司天以属神，命火正黎司地以属民，使复旧常，无相侵渎，是谓**绝地天通**。

"其后，三苗复九黎之德，尧复育重、黎之后，不忘旧者，使复典之，以至于夏、商。故重、黎氏世叙天地，而别其分主者也。其在周，程伯休父其后也，当宣王时，失其官守而为司马氏。宠神其祖，以取威于民，曰：'重寔上天，黎寔下地。'遭世之乱，而莫之能御也。不然，夫天地成而不变，何比之有？"①

观射父的这番话影响极其深远。司马迁在《史记·历书》中写道：

太史公曰：神农以前尚矣。盖黄帝考定星历，建立五行，起消息，正闰余，于是有天地神祇物类之官，是谓五官。各司其序，不相乱也。民是以能有信，神是以能有明德。民神异业，敬而不

---

① 《国语》卷第十八，上海师范大学古籍整理研究所校点，上海：上海古籍出版社，1988年，第559—564页。同时参见韦昭注，徐元诰集解《国语集解》，王树民、沈长云点校，北京：中华书局，2019年，第541—545页。最后一段"以至于夏、商"句，本文所据的两种点校本均属其下句，学者多从之。这句话讲的是：尧命重、黎的后人继续司天、司地，一直延续到夏、商。若按两种点校本的句读，下句为"到了夏、商，所以……"，显然于理不通。

渎，故神降之嘉生，民以物享，灾祸不生，所求不匮。

少昊氏之衰也，九黎乱德，民神杂扰，不可放物，祸菑荐至，莫尽其气。颛顼受之，乃命南正重司天以属神，命火正黎司地以属民，使复旧常，无相侵渎。

其后三苗服九黎之德，故二官咸废所职，而闰余乖次，孟陬殄灭，摄提无纪，历数失序。尧复遂重、黎之后，不忘旧者，使复典之，而立羲和之官。明时正度，则阴阳调，风雨节，茂气至，民无夭疫。年耆禅舜，申戒文祖，云"天之历数在尔躬"。舜亦以命禹。由是观之，王者所重也。

夏正以正月，殷正以十二月，周正以十一月。盖三王之正若循环，穷则反本。天下有道，则不失纪序；无道，则正朔不行于诸侯。①

这段话的词汇、句式和叙事框架无不表明，它应该源自《国语·楚语》。所不同者，《国语·楚语》的落脚点是宗教的问题，《史记·历书》的落脚点则是历法的问题。无独有偶，司马迁还在《太史公自序》中这样叙述司马氏的源流："昔在颛顼，命南正重以司天，北正黎以司地。唐虞之际，绍重黎之后，使复典之，至于夏、商，故重黎氏世序天地。其在周，程伯休甫其后也。当周宣王时，失其守而为司马氏。"② 这与《国语·楚语》所载也几乎一字不差。由此可见，司马迁对观射父的话是完全采信的。

司马迁之后，学者或直接或间接地继续沿用观射父的解释。《汉书·律历志》："历数之起上矣。传述颛顼命南正重司天，火正黎司

---

① 司马迁撰，裴骃集解，司马贞索引，张守节正义《史记》卷第二十六，北京：中华书局，2014年，第1500—1503页。

② 司马迁撰，裴骃集解，司马贞索引，张守节正义《史记》卷第一百三十，北京：中华书局，2014年，第3989页。

地，其后三苗乱德，二官咸废，而闰余乖次，孟陬殄灭，摄提失方。尧复育重、黎之后，使纂其业。"① 西晋皇甫谧《帝王世纪》："（颛顼）平九黎之乱……命南正重司天以属神，北正黎司地以属民，于是民神不杂，万物有序。"② 二者所述皆与《国语·楚语》无差。东晋"伪孔传"注《吕刑》"乃命重黎绝地天通"句："重即羲，黎即和。尧命羲和世掌天地四时之官，使人神不扰，各得其序，是谓绝地天通。言天神无有降地，地民不至于天，明不相干。"③ 虽然发起者从颛顼变成了尧，实施者从重黎变成了羲和，但是"绝地天通"的起因、经过和结果仍然原封不动地照搬《国语·楚语》。唐代孔颖达作《尚书正义》，所本自然也是《国语·楚语》：

> 三苗乱德，民神杂扰。帝尧既诛苗民，乃命重黎二氏，使绝天地相通，令民神不杂。于是天神无有下至地，地民无有上至天，言天神地民不相杂也。群后诸侯相与在下国，群臣皆以明明大道辅行常法，鳏寡皆得其所，无有掩盖之者。君帝帝尧清审详问下民所患，鳏寡皆有辞怨于苗民。言诛之合民意。尧视苗民见怨，则又增修其德。以德行威，则民畏之，不敢为非。以德明人，人皆勉力自修，使德明。言尧所行赏罚得起所也。④

此后，注疏者围绕"'皇帝'是谁""'重黎'是否就是'羲和'"

① 班固著，颜师古注《汉书》卷第二十一上，北京：中华书局，1962年，第973页。
② 皇甫谧等：《帝王世纪 世本 逸周书 古本竹书纪年》，陆吉等点校，济南：齐鲁书社，2010年，第11页。注：此为四种书的合订本，各书单独编页。
③ 孔安国传，孔颖达疏《尚书正义》卷第十九，廖名春、陈明整理，吕绍纲审定，北京：北京大学出版社，2000年，第634页。
④ 孔安国传，孔颖达疏《尚书正义》卷第十九，廖名春、陈明整理，吕绍纲审定，北京：北京大学出版社，2000年，第635页。

"重黎是一人还是二人""蚩尤和三苗以及九黎是何种关系"等问题聚讼不已，大体上的认识却一仍前贤。

到了宋代，怀疑精神盛行起来，人们开始重新考量以《楚语》注《吕刑》的合理性。永嘉学派的集大成者叶适就直言："世之乱也听于神，故绝地天通，罔使降格，而后命三后以德牖民，士制刑之中，以人道治也。观射父徒能记重黎职业，而未及穆王序尧恤刑之意，盖古人于《诗》《书》《礼》《乐》亦未能尽知大意尔。"[①] "北山四先生"之一的金履祥进一步详细阐述了《吕刑》与《楚语》的分殊：

> 夫《吕刑》之书为训刑作也，则推所以立刑之由；《楚语》观射父为"绝地天通"而言也，则推巫鬼之由。推立刑之由，则本蚩尤之为乱；推巫鬼之由，则述九黎之为昏。上古之世，其民淳朴，在下无罪，在上无刑。至蚩尤始为乱，延及平民，无不寇贼鸱义，奸宄夺攘。于是圣人矫正而虔刘之，此刑之所为作也。刑以制乱，非有国者所尚也，不得已而后用之尔，而有苗遂并刑以为虐，民始有不得其生者矣。于是罔中于信，以覆诅盟，而巫祝之事兴焉。巫祝之事，盖九黎之遗习也。《吕刑》《楚语》所指不同，学者多合而言之，其失久矣。[②]

简而言之，《吕刑》讲的是如何确立刑罚原则，《楚语》讲的则是如何防止巫祝之事泛滥，二者指向不同，不应该混为一谈。

叶适、金履祥揭示出"绝地天通"在《吕刑》和《楚语》中本有不同的旨归，但与此同时，也在想方设法弥合两个文本间的裂隙，

---

① 叶适：《习学记言序目》卷第十二，北京：中华书局，1977年，第172页。
② 金履祥：《通鉴前编》卷第一，文澜阁《四库全书》第329册，杭州：杭州出版社，2015年，第18页上栏。

而这种努力实始于苏轼。据《左传》记载，公元前 662 年，有神灵降于莘，虢公派史嚚等人向神灵求赐土地，史嚚对这种做法很不认同，以"国将兴，听于民；将亡，听于神"相讥讽。① 苏轼率先使用这条线索，其注《吕刑》"民兴胥渐，泯泯棼棼，罔中于信，以覆诅盟"句："人无所诉则诉于鬼神，德衰政乱则鬼神制世。民相与反覆诅盟而已。"注"乃命重黎绝地天通"句："民渎于诅盟祭祀，家为巫史。尧乃命重黎授时劝农而禁淫祀，人神不复相乱。故曰绝地天通。"②

东坡之后，注《书》者大多从这一角度来诠释"绝地天通"。明代的陈第释"绝地天通"甚详："国治听人，国乱听神，此常理也。盖国乱则法令不明，赏罚不中矣，无所措其手足矣。无所控诉，惟求之神。神道日盛、人道日衰时，则瞽史、巫觋又妄言祸福于其间。民志昏惑，不能自决，将谓是非曲直官不足凭，而利害死生惟神足恃。由是山川土石之妖、草木禽兽之怪亦乘衅而入。人鬼混淆，阴阳杂糅，是之谓'地天通'也。……重黎掌天地四时之官，治历授时，劝民耕稼，而又正祭祀之典，去淫邪之祠，则民尽力于本务，自不分心于希冀，尊鬼而不媚，敬神而不祈，故和气集、乖气亡，休征臻、咎征远，是之谓'绝地天通而罔有降格也'。"③ 顾炎武在《日知录》中所言则

① 《左传·庄公三十二年》："秋，七月，有神降于莘。惠王问诸内史过曰：'是何故也？'对曰：'国之将兴，明神降之，监其德也；将亡，神又降之，观其恶也。故有得神以兴，亦有以亡，虞、夏、商、周皆有之。'王曰：'若之何？'对曰：'以其物享焉。其至之日，亦其物也。'王从之。内史过往，闻虢请命，反曰：'虢必亡矣。虐而听于神。'神居莘六月，虢公使祝应、宗区、史嚚享焉。神赐之土田。史嚚曰：'虢其亡乎！吾闻之：国将兴，听于民；将亡，听于神。神，聪明正直而一者也，依人而行。虢多凉德，其何土之能得？'"参见左丘明传，杜预注，孔颖达正义《春秋左传正义》卷第十，浦卫忠等整理，杨向奎审定，北京：北京大学出版社，2000 年，第 341、342 页。

② 苏轼：《东坡书传》卷第十九，清嘉庆十年虞山张氏照旷阁刻《学津讨原》本。

③ 陈第：《尚书疏衍》卷第四，文渊阁《四库全书》第 64 册，台北：台湾商务印书馆，1984 年，第 795 页下栏—796 页上栏。

更为精到："国乱无政,小民有情而不得申,有冤而不见理,于是不得不诉之于神,而诅盟之事起矣。苏公遇暴公之谮,则'出此三物,以诅尔斯';屈原遭子兰之谮,则'告五帝以折中','命咎繇而听直'。至于里巷之人,亦莫不然。而鬼神之往来于人间者,亦或著其灵爽。于是赏罚之柄乃移之冥漠之中,而蚩蚩之氓,其畏王鈇,常不如其畏鬼责矣。乃世之君子犹有所取焉,以辅王政之穷。今日所传地狱之说,感应之书,皆苗民诅盟之余习也。'明明棐常,鳏寡无盖',则王政行于上,而人自不复有求于神。故曰:'有道之世,其鬼不神。'所谓绝地天通者,如此而已矣。"① 总而言之,《吕刑》大书特书的"德衰政乱"是原因,《楚语》反复描写的"鬼神制世"是结果,两者凭借因果联系被置于同一语境中。

新的问题是,如果这一逻辑成立,那么在《楚语》的文本中,理应通过实行德政来改变人神同位的局面,而按照观射父的说法,却是从"绝地天通"入手来实现秩序的回归。该如何解释这种舍本逐末、因果颠倒的行为呢?

第一种解释是,采取"先治标、后治本"的手段,将"绝地天通"作为当务之急,乃迫于"礼义不可骤入"的无奈。吕祖谦如是说:"治世公道昭明,为善得福,为恶得祸,民晓然知其所由,不求之渺茫冥昧之间。当蚩尤、三苗之昏虐,民之得罪者莫知其端,无所控诉,相与听于神,祭非其鬼,天地人神之典杂揉渎乱,此妖诞之所以兴,人心之所以不正也。在舜当务之急,莫先于正人心,首命重、黎修明祀典,天子然后祭天地,诸侯然后祭山川。高卑上下,各有分

---

① 顾炎武著,陈垣校注《日知录校注》卷第二,陈智超等整理,合肥:安徽大学出版社,2007年,第99、100页。

限，绝不相通，烖蕳妖诞之说举皆屏息。"① 清人戴钧衡也说："圣人知此风不革，欲骤导以礼义，不可入也。有重黎者，司天地之官，掌鬼神之事。故特先命重黎禁邪术、杜淫祀、斥巫史，喻以杳冥之不可凭，空虚之实无有物，以破其痴迷愚妄，而后命群后诸臣辅助常道，伸其曲直。"② 他们均认为当时情势危急，而"绝地天通"无疑是见效最快的方法。

第二种解释是，"鬼神制世"也可能成为"德衰政乱"的罪魁祸首。与苏轼同时代的刘攽在《重黎绝地天通论》中写道："然则神何以乱民？曰：鬼神之情微矣，茫洋乎其不可以智通也，恍惚乎其不可以类求也。故古者惟事神为难。谓其必无邪：天之垂日星，地之列山川，宗庙之居祖考，皆物也。谓之必有邪：光影不见于民，嗜好不通于人。必有责之，殆不信矣。故圣人之事神，处于有无之间。致其不可知也，然后民信之。示其不可黩也，然后民畏之。及世之乱民，于是以有责于神。所以乱民也。然则民何以乱神？曰：民者，冥也，欲利而避害，情所同也。福者，利之大者也；祸者，害之极者也。祸福者，鬼神之所为也。民弃常而好异，舍明而事幽，祀非祭之鬼，祈无妄之福，则民乱于神矣。"③ 刘攽认为"神乱民"和"民乱神"实为复杂的互为因果的关系。明代李濂在批评嘉靖年间的迷信之风时，引东汉末年张角、张宝的太平道和张鲁的五斗米道为前车之鉴："自古奸人多假神以倡乱，如汉末之张角，一日同起者三十六方，而张鲁起兵，亦以五斗米首过于神以诱愚夫。卒之流毒海内，扑灭弗易焉？由

① 吕祖谦：《增修东莱书说》卷第三十四，黄灵庚、吴战垒主编《吕祖谦全集》第 3 册，杭州：浙江古籍出版社，2008 年，第 428 页。蔡沉《书集传》引吕公此语时，"绝不相通"作"绝地天之通"。参见蔡沉《书集传》卷第六，王丰先点校，北京：中华书局，2018 年，第 288 页。

② 戴钧衡：《书传补商》卷第十七，《续修四库全书》第 50 册，上海：上海古籍出版社，1995 年，第 178 页上栏。

③ 刘攽：《彭城集》卷第三十三，北京：中华书局，1985 年，第 445 页。

是知'绝地天通，罔有降格'其消弭大患之要术乎！"① 王夫之则将矛头指向知识阶层，指出"淫于异端"的伪儒在王莽篡汉的过程中起了非常关键的作用："古之圣人，绝地天通以立经世之大法，而后儒称天称鬼以疑天下，虽警世主以矫之使正，而人气迷于恍惚有无之中以自乱。即令上无暗主，下无奸邪，人免于饥寒死亡，而大乱必起。风俗淫，则祸眚生于不测，亦孰察其所自始哉？"② 总之，德衰政乱的确会造成鬼神制世的局面，但鬼神制世反过来也会对德衰政乱起到推波助澜的作用。

通过细读古人的解释，勾勒其内在的理路，我们发现，最晚从北宋开始，学者谈论"绝地天通"时未曾离开过《吕刑》的语境。随着科举被废，疑古成为潮流，"科学"和"唯物主义史观"相继被引入中国，学者们看待"绝地天通"的方式也将随之大变！

第二节　今人对"绝地天通"的解释③

1939 年，法国汉学家马伯乐（Henri Maspero）的《书经中的神话》（*Légendes Mythologiques Dans le Chou King*）有了中译本。这本小书由冯沅君翻译，正文前有顾颉刚作的序，还有陆侃如为马伯乐写的传。我们现在的人看到这个书名，已经很难感受到智识上的冲击和情感上的震撼。但如果想一想《尚书》在古代典籍中的性质和地位，再想一想"子不语怪力乱神"（《论语·述而》）的教训，或许仍能察

---

① 李濂：《嵩渚文集》卷第四十八，《四库全书存目丛书·集部》第 71 册，济南：齐鲁书社，1997 年，第 38 页。

② 王夫之：《读通鉴论》卷第五，舒士彦点校，北京：中华书局，2013 年，第 123 页。

③ 本章核心观点发表于《中国哲学史》2019 年第 4 期。本节所述今人解释不包括 2018 年 12 月之后的研究成果。

觉到一丝隐藏的机锋。

马伯乐的确不是无的放矢的。他反对的不只是儒家对待神话的立场，还包括处于儒家传统下的中国史家们的解释范式。甫一开篇，马伯乐就摆出一副咄咄逼人的架势：

> 中国学者解释传说从来只用一种方法，就是"爱凡麦"派的方法【笔者按：公元前316年前后的希腊学者Euhemerus（即爱凡麦，今一般译为欧赫梅鲁斯）曾有意地将希腊神话解释为古代历史，说神话里的神便是该民族古代的帝王或英雄①】。为了要在神话里找出历史的核心，他们排除了奇异的，不像真的分子，而保存了朴素的残滓。神与英雄于此变为圣王与贤相，妖怪于此变为叛逆的侯王或奸臣。这些穿凿附会的工作所得者，依着玄学的学说（尤其是五行说）所定的年代先后排列起来，便组成中国的起源史。这种东西仅有历史之名，实际上只是传说……这些充塞在中国史开端中的幽灵，都该消灭的。我们不必坚执着在传说的外形下查寻个从未存在过的历史的底子，而应该在冒牌历史的记叙中寻求神话的底子，或通俗故事来。②

接着，马伯乐研究了三个"被误认作史实的神话"，它们分别是：羲与和的传说、洪水的传说以及重黎绝地天通。在谈论"绝地天通"的时候，他这样说道："观射父的解释很巧妙，但是不真确：我们于此仍然是在神话中。"又说："重黎绝地天通是个纯粹的神话的故事，

---

① 参见尤学工、封霄《近百年来历史故事研究的范式转换》，《史学月刊》2024年第7期，第115页。

② 马伯乐：《书经中的神话》，冯沅君译，北京：国立北平研究院史学研究会，1939年，第1页。

而在古代的爱凡麦主义的趋势之下，从很古的时候起，史官们已想法使之变为历史的传说。"① 在马伯乐看来，虽然观射父的话极富浪漫色彩，但其实质仍然是神话的历史化，这种解释遮蔽了故事的本来面目，是错误的、落后的。

我们没有必要用后殖民批评理论对马伯乐的傲慢大加批判，不过他的立场实在缺乏根据：认为一切神话都来源于史实固然失之轻率，认为一切神话都与史实无关难道不是同样很值得怀疑吗？众所周知，以为神话只是神话比从神话中见出史实要容易得多——天真烂漫的儿童只能照前者那样去认知，唯有具备丰富的历史知识储备的人才会往后者的方向思考。换个角度看，证明神话中有历史的影子要相对轻松些（所以才会有那么多的附会），而想证明神话的归神话、历史的归历史则近乎不可能完成的任务。具体地说，即使马伯乐能够周详地指出现有的每一种"爱凡麦"式假说的漏洞，又如何保证未说出的真相必定不是"爱凡麦"式的呢？

关于神话与历史的关系，陈梦家在《商代的神话与巫术》一文中有过更为全面和恰如其分的论述。他说：

> 神话的发生似乎可大别为二，一是自然的，一是人为的。自然的发生，因为神话本身是历史传说，历史传说在传递中不自觉的神化了，于是变成又是历史又是神话；但是我们可以披剥华伪，把神话中的历史部分提炼出来，重造古史。还有一种自然发生的神话，乃是由于人类求知欲的伸长，以及人类想象力的奔放，往往造成极离奇的神话。人为的神话，就是所谓神道设教。②

---

① 马伯乐：《书经中的神话》，冯沅君译，北京：国立北平研究院史学研究会，1939 年，第 49、52 页。

② 陈梦家：《商代的神话与巫术》，《陈梦家学术论文集》，北京：中华书局，2016 年，第 57 页。

马伯乐认为所有神话都属于陈梦家所说的后一种自然发生的神话，其相关论断的说服力就不免大打折扣了。

马伯乐的异议没有激起任何回响。20世纪以来，大多数中国学者仍将"绝地天通"看作历史而非纯粹的想象。与过去明显不同的是，历史唯物主义的兴盛带来了新的范式，考古学和人类学的发展提供了新的资料。在此背景下，学者们做了两方面的努力：一是对观射父的话进行改造；二是广泛搜罗文本外的事实依据。

徐旭生最早尝试"作一种科学的解释"[①]。徐先生认为，炎黄以前，人们在面对自然界时常常感到无能为力，于是幻想自然界的物体后面藏着许多有意同他们为难的小神小鬼，同时又相信他们中间的特殊"技术人才"可以通过咒语命令这些小神小鬼按照人们的意志去做。这些特殊"技术人才"就是巫和觋。当时还没有专业化的宗教人员，巫和觋一般由牧人或农夫兼任。随着生产力的发展和生产关系的变化，氏族联合起来组成部落，部落进而结为联盟，社会秩序的重要性日渐凸显。在当时的观念里，社会秩序同样属于超自然的范围，不过掌控它的是远非小神小鬼可比的大神。巫、觋无法命令大神，只能传达大神的意思。以前那种会咒语的"技术人才"是越多越好，这样就可以随时解决农业生产的需求；而传达或翻译大神意思的人则是越少越好，多了势必会出现自说自话、互不相谋的局面，照此发展下去，部落就有无所适从的危险，联盟也将毫无威信可言。在此紧要关头，颛顼出来快刀斩乱麻，他命南正重负责传达神的旨意，命火正黎负责管理人间的事务，通过垄断神人的交通来维持社会的秩序。至于"绝地天通"的具体办法，大约是封锁升天的要径（比如昆仑之墟），使

---

① 徐旭生：《中国古史的传说时代》，北京：文物出版社，1985年，第77页。

群巫无法在天地间随意往来。①

徐先生这样概括他的话与观射父之间的异同：

> 《国语》所记观射父所述的史实，所说"重寔上天，黎寔下
> 地"神话发生的原因，所说"古者民神不杂"及当日的制度，从
> 现在看，大致是不错的。不过他看不到从低级的宗教、巫术而进
> 于高级的宗教是人类知识演进时候必经的阶段；在演进的过程
> 中，"民神杂糅"也或者是必不可免的现象；帝颛顼的处置是有
> 进步意义的，并不是复古的。他看不出这些，是因为受时代的限
> 制，不足为病。②

这段话表明，徐先生认为自己比观射父更讲科学的地方，是发现
了"民神杂糅"乃原始社会末期普遍存在的情形，是宗教在演进过程
中必经的阶段——未必是因为"九黎乱德"才有的。③

徐旭生的观点发表于1943年前后。近八十多年来，除了极个别学
者别出机杼之外，学界关于"绝地天通"的讨论深受其研究思路和研

---

① 徐旭生：《中国古史的传说时代》，北京：文物出版社，1985年，第77—84页。

② 徐旭生：《中国古史的传说时代》，北京：文物出版社，1985年，第84页。

③ 陈来在转述徐旭生的观点时说："（徐旭生）还认为，这个改革【笔者按：指'绝地天
通'】的契机和华夏集团与苗蛮集团间的冲突有关，冲突的原因是苗蛮集团不肯采用北
方的高级宗教，即'弗用灵'，冲突的结果是南方的骓兜、三苗、梼杌各氏族被完全击败
而分别流放，北方的大巫长祝融深入南方以传播教化。"此处转述似乎不够准确。在原书
中，徐旭生叙述了中国上古时期几次"巨大的变化"：第一次是阪泉、涿鹿的战事导致氏
族合并为若干大部落；第二次是颛顼进行宗教改革，即"绝地天通"；第三次是治水事业
导致氏族制度演变为有定型、有组织的王国。陈来转述的内容实为徐旭生在论述第三次
变化时讲的。需要指出的是，徐旭生在论述"绝地天通"时没有提及《尚书·吕刑》的
记载，而这部分内容恰好是从《尚书·吕刑》中来的，陈来的"欠准确转述"更像是他
对徐旭生观点的修正。参见陈来《古代宗教与伦理：儒家思想的根源》，北京：生活·读
书·新知三联书店，2017年，第21、22页；徐旭生《中国古史的传说时代》，北京：文
物出版社，1985年，第5—8页。

究结论的影响,① 在这中间,考古学和人类学的相关研究尤其引人
注目。

在进行深入的考察和仔细的对比后,苏秉琦发现杭州余杭瑶山遗
址具备两个重要特点:男觋女巫脱离了所在群体的墓地——这表明巫
师阶层已经形成;琮、钺同时为一人所有——这表明神权、军权正在
走向集中。苏先生特别强调了玉琮在良渚文化时期的变化:"玉琮是
专用的祭天礼器,设计的样子是天人交流,随着从早到晚的演变,琮
的制作越来越规范化,加层加高加大,反映对琮的使用趋向垄断,对
天说话、与天交流已成最高礼仪,只有一人,天字第一号人物才能有
此权利,这就如同明朝在北京天坛举行祭天仪式时是皇帝一人的事一
样。这与传说中颛顼的'绝地天通'是一致的。"② 苏先生认为这些现

---

① 主流意见可以分为两类。一类完全接受了徐旭生的解释。例如,李学勤主编的《中国古
代文明与国家形成研究》是这样说的:"颛顼'绝地天通',进行宗教改革……事见《国
语》等可信性较强的文献记载中……观射父所谓'古者',不是指原始时代,而是周代人
们所能理解和记忆的巫觋出现后的古代。所谓'夫人作享,家有巫史'才是原始宗教盛
行时的状况。而且是和范围狭小的氏族制度相适应的。而当社会组织已出现范围较大的
部落联合体以后,仍然是人人都能通神,传达神的意志的话,必然影响联合体的统一意
志、统一行动。所谓'九黎乱德'、'九黎之乱',或许就是由此引起的动乱,促使颛顼
进行了'绝地天通'的宗教改革。除最高行政长官一身而三任外,使大巫'重'任'南
正'之职,司人神交通,会集群神命令,传达下方;又使'黎'任'火正',管理地上
群巫以至万民。这样,使宗教事务始为少数人垄断,逐渐蜕变为阶级统治的工具。"另一
类对徐旭生的解释进行了细微的修改。例如,李小光认为,徐旭生引韦昭注将"命南正
重司天以属神,命火正黎司地以属民"的"属"字解释为"会"是错误的,"属"在这
里应该理解为"连接"。他说:"属神、属民的意义不应是会聚神、会聚民从而对他们进
行管理【笔者按:这里似乎存在误读。徐旭生的意思是会聚神的意见集中传达,会聚治
病和祈福的巫师集中管理。】——这一种解释显然把重、黎的职权想象得太大,与古代对
'帝'的信仰很是矛盾——而是连续神、连续民或者说是委付神、委付民,从而使神民之
间得以沟通。因此,颛顼'乃命南正重司天以属神,命火正黎司地以属民',其意应理解
为'重'负责联系神,将神的旨意通过黎传达给民众;'黎'负责联系民,将民的祈求
通过重上达给神祇,如此而已。"参见李学勤主编,王宇信等著《中国古代文明与国家形
成研究》,北京:中国社会科学出版社,2007 年,第 146、147 页;李小光《"绝地天
通":论中国古代宗教多神性格之源》,《宗教学研究》2008 年第 4 期,第 138—141 页。

② 苏秉琦:《中国文明起源新探》,北京:生活·读书·新知三联书店,1999 年,第 145—
149 页。

象是宗教步入新阶段的标志，并由此推断良渚文化就处于"绝地天通"的颛顼时代。

如果说考古学的发现止步于证明徐旭生的结论，那么人类学的探索则力图还原当时的情景。在《美术、神话与祭祀》一书中，张光直使用了亚瑟·瓦立（Arthur Waley）对"萨满"一词的定义："在古代中国，祭祀鬼神时充当中介的人称为巫。据古文献的描述，他们专门驱邪、预言、卜卦、造雨、占梦。有的巫师能歌善舞。有时，巫就被释为以舞降神之人。他们也以巫术行医，在作法之后，他们会像西伯利亚的萨满那样，把一种医术遣到阴间，以寻求慰解死神的办法。可见，中国的巫与西伯利亚和通古斯地区的萨满有着极为相近的功能，因此，把'巫'译为萨满是……合适的。"[①] 这一观点在《考古学专题六讲》中变得更加彻底："中国古代文明是所谓萨满式（shamanistic）的文明。这是中国古代文明最主要的一个特征。"[②] 张光直甚至对巫觋沟通天地的工具提出了具体的构想，它们包括神山、特殊种类的树木、甲骨和八卦、各种动物、歌舞和音乐、药和酒以及玉器中的琮。他指出，正是因为独占了这些工具，颛顼才得以垄断神人的交通。[③]

总的说来，当今对"绝地天通"的主流解释虽然角度各异，细微处或有龃龉，但根本的结论并无二致，即"脱离物质劳动的神权管理人的出现，及其对氏族部落神权的垄断，显然是颛顼时的宗教大异于前的一个最为突出的特点。原始社会的'自发的宗教'，由此迈出了

---

① Arthur Waley, *The Nine Songs: A Study of Shamanism in Ancient China*, London: Allen & Unwin, 1955, p. 9. 转引自张光直《美术、神话与祭祀》，郭净译，北京：生活·读书·新知三联书店，2013 年，第 38 页。

② 张光直：《考古学专题六讲》（增订本），北京：生活·读书·新知三联书店，2013 年，第 4 页。

③ 张光直：《考古学专题六讲》（增订本），北京：生活·读书·新知三联书店，2013 年，第 6—10 页；可同时参见张光直《中国青铜时代》，北京：生活·读书·新知三联书店，2013 年，第 275—289 页。

进入'人为的宗教'的第一步"①。也就是说，学界普遍认为"绝地天通"反映了从"民神同位"到"民神异业"的历史进程，普遍认为它是巫觋专门化的宗教改革事件和权力集中化的政治事件。需要强调的是，与古人想方设法将《尚书·吕刑》和《国语·楚语》两个文本统一起来不同，这一结论完全是从《国语·楚语》中得出来的。②

第三节　"绝地天通"在《国语·楚语》中的含义

毋庸讳言，今天的学者之所以把注意力完全集中在《国语·楚语》的记载上，主要是因为《尚书·吕刑》"语焉而未详"③，"很有些难懂的地方"④。然而，《楚语》所载观射父的话不过是对《吕刑》的一种解释，对观射父的话的解读实际上是一种"解释的解释"。这就引出了三个疑问：第一，观射父对"绝地天通"的解释是否符合《吕刑》的语境？第二，当今学界关于"绝地天通"的主流解释是否

---

① 何浩：《颛顼传说中的神话与史实》，《历史研究》1992 年第 3 期，第 79 页。
② 今之学人中，顾颉刚、刘起釪的解释思路与宋代以降诸儒相同。顾颉刚说："《吕刑》中'乃命重黎绝地天通，罔有降格'一语颇不易解，且与制刑亦何关。我意，当时家为巫史，大家都托了神意制刑，胡乱杀戮无辜，秩序大乱。……天子称天，人民所受的苦痛还是平均的；平民各自称天，就维持不下去了。然而天子要禁止平民各自称天，仍只好称天来说，所以有'上帝监民'，'皇帝哀矜庶戮之不辜'等话。"刘起釪释《吕刑》中的"绝地天通"："作为以姬姜两族为主体后来并与东夷集团经过长期激荡交融形成部落联盟以后的早期华夏集团，怀着对蚩尤的九黎三苗族的民族偏见，当黎苗民间受尽劫难在无可告诉情况下，只好诉之于鬼神而堕入巫风盛行状态中，回归到人类群体早期的民神杂糅生活，这就为已建立政权机器的早期华夏集团所不能容忍，就用严厉的压服，不许黎苗平民把所承受的疾苦诉诸神灵上帝。与上帝相通是统治者的特权，平民只许规规矩矩地遵守统治者的人间法令，这就达到了'绝地天通'的目的。"参见顾颉刚《顾颉刚读书笔记》，《顾颉刚全集》第 17 册，北京：中华书局，2010 年，第 19 页；顾颉刚、刘起釪《尚书校释译论》，北京：中华书局，2005 年，第 1958、1959 页。
③ 陈来：《古代宗教与伦理：儒家思想的根源》，北京：生活·读书·新知三联书店，2017 年，第 19 页。
④ 杨向奎：《中国古代社会与古代思想研究》上册，上海：上海人民出版社，1962 年，第 162 页。

符合《吕刑》的语境？第三，当今学界关于"绝地天通"的主流解释
是否符合《楚语》的语境？本节先来回答第三个问题，即考察观射父
的话到底是什么意思。

在《国语·楚语》中，对话是这样开始的：

> 昭王问于观射父，曰："《周书》所谓重、黎寔使天地不通
> 者，何也？若无然，民将能登天乎？"对曰："非此之谓也。"

楚昭王向观射父请教："《周书》上说，重、黎使天地之间不能
往来，这讲的是什么呀？如果重、黎没有这样做，人难道就能登天
了吗？"对于楚昭王的这句话，古今学者基本上都是直接略过的。但
是，我们如果愿意在这句话上多停留一小会儿，便会惊讶地发现，
楚昭王的猜测竟然与当今主流观点如此相似——今天的学者不正认
为，在"绝地天通"之前，人人都是巫觋，都能通天升天么？正因
为此，徐旭生才说"绝地天通"的具体办法是封锁升天的要径。[①]
然而，观射父的态度十分明确："所谓'重黎绝地天通'讲的不是
这么一回事。"我们由此已经可以断定，当今学界对观射父的话存在
严重误读。

观射父是怎么解释"绝地天通"的呢？他先详细叙述了"古者民
神不杂"的情形：

---

① 这里再举一例。杨儒宾说："'绝地天通'一词出自《尚书》与《国语》，此词语意指
天地相通的路断绝了，天、地就此区分开来。这个词语之所以成立，其前提是预设了
之前有一个天地相通的阶段，'天地相通'意指天地相黏而未分化。"然而，观射父在
最后讲得很清楚："夫天地成而不变，何比之有？"可知观射父否定的正是当今学界流
行的这类意见。参见杨儒宾《原儒：从帝尧到孔子》，北京：生活·读书·新知三联书
店，2023年，第87、88页。

　　古者民神不杂。民之精爽不携二者，而又能齐肃衷正，其智能上下比义，其圣能光远宣朗，其明能光照之，其聪能听彻之，如是则明神降之，在男曰觋，在女曰巫。是使制神之处位次主，而为之牲器时服，而后使先圣之后之有光烈，而能知山川之号、高祖之主、宗庙之事、昭穆之世、齐敬之勤、礼节之宜、威仪之则、容貌之崇、忠信之质、禋洁之服，而敬恭明神者，以为之祝。使名姓之后，能知四时之生、牺牲之物、玉帛之类、采服之仪、彝器之量、次主之度、屏摄之位、坛场之所、上下之神、氏姓之出，而心率旧典者为之宗。于是乎有天地神民类物之官，是谓五官，各司其序，不相乱也。民是以能有忠信，神是以能有明德，民神异业，敬而不渎。故神降之嘉生，民以物享，祸灾不至，求用不匮。

　　这是说：在很久以前，极少数人掌管着宗教的各项事务，普通民众不能插手其间。今天的学者大多认为，这段讲述"古者民神不杂"的话并非史实，而是观射父虚构的。[1] 比如，余敦康说："实际上，其所谓'古者民神不杂'，是通过颛顼改革以后才出现的情况，特别是关于巫、觋、祝、宗的专业神职人员的设置以及关于天、地、神、民、类物五官的组织和制度的建构，是以西周高度成熟的宗教文化体系和王官之学为蓝本的。"[2] 陈来也说："观射父的讲法只是把民神异业的理想状况赋予上古，以便为颛顼的宗教改革提供一种合法性。而颛顼

----

[1] 徐旭生曾说："（观射父）所说'古者民神不杂'及当日的制度，从现在看，大致是不错的。"这应该是笔误。徐先生的论述是从"民神杂糅"（即牧人、农夫兼任巫觋）开始的，并没有说之前还有个"民神不杂"的阶段。参见徐旭生《中国古史的传说时代》，北京：文物出版社，1985年，第84页。

[2] 余敦康：《中国宗教与中国文化（卷二）宗教·哲学·伦理》，北京：中国社会科学出版社，2005年，第12页。

的时代文化还未发展到宗庙昭穆、礼节威仪灿然大备的程度。"① 余、陈二位先生的意见有一定道理，但是没有抓住观射父想要表达的重点。在这里，观射父不是在泛泛地介绍制度体系，而是在强调，只有具备了特殊禀赋和才能的人才可以担任神职，普通民众是没有资格从事此类工作的——这就是"如是则明神降之"一句中"如是"二字的意义。观射父说，在"人神不杂"的情况下，人民得到福佑，生活物资充足。

观射父接着叙述了"民神杂糅"的情形：

> 及少皞之衰也，九黎乱德，民神杂糅，不可方物。夫人作享，家为巫史，无有要质。民匮于祀，而不知其福。烝享无度，民神同位。民渎齐盟，无有严威。神狎民则，不蠲其为。嘉生不降，无物以享。祸灾荐臻，莫尽其气。

这是说："九黎乱德"时期，不具备特殊禀赋和才能的普通民众也纷纷扮演起巫、觋、祝、宗的角色。这不仅导致了社会混乱，还引发了经济危机。

于是，便发生了"绝地天通"事件：

> 颛顼受之，乃命南正重司天以属神，命火正黎司地以属民，使复旧常，无相侵渎，是谓绝地天通。

韦昭注"命南正重司天以属神"："南，阳位。正，长也。司，主

---

① 陈来：《古代宗教与伦理：儒家思想的根源》，北京：生活·读书·新知三联书店，2017年，第 24 页。

也。属，会也。所以会群神，使各有分序，不相干乱也。《周礼》则宗伯掌祭祀。"注"命火正黎司地以属民"："唐尚书云：'火，当为北。'北，阴位也。《周礼》则司徒掌土地人民也。"注"绝地天通"："绝地民与天神相通之道。"① 古今学人的理解大多与韦昭相同或相似。实际上，这一解释不够准确。在上文中，观射父讲得十分明白，神只降在有特殊禀赋的人身上，普通民众是无法与神相通的。既然普通民众本来就无法与神相通，又何来"阻断地民与天神相通"一说呢？毫无疑问，这里的"绝地天通"指的就是"使复旧常，无相侵渎"，而所谓"旧常"就是神职只能由特殊人才来担任，所谓"无相侵渎"就是普通民众不扮演神职角色。所以，"绝地天通"中的"地"应该指普通民众或世俗事务，与"火正黎司地"中的"地"意思一致；"天"应该指神职或宗教事务，与"南正重司天"中的"天"意思一致。合而言之，观射父所说"绝地天通"指的是禁止普通民众扮演神职角色。

观射父接着说道：

> 其后，三苗复九黎之德，尧复育重、黎之后，不忘旧者，使复典之，以至于夏、商。故重、黎氏世叙天地，而别其分主者也。

这是说：在尧的时候，普通民众又扮演起神职角色来，于是尧命令重、黎后裔中有才能的人传承重、黎当年的事业，再次将宗教和世俗分开来管理。

---

① 韦昭注，徐元诰集解《国语集解》，王树民、沈长云点校，北京：中华书局，2019 年，第 544、545 页。

观射父最后说道：

> 其在周，程伯休父其后也，当宣王时，失其官守而为司马氏。宠神其祖，以取威于民，曰："重寔上天，黎寔下地。"遭世之乱，而莫之能御也。不然，夫天地成而不变，何比之有？

这是说："重寔上天，黎寔下地"的传说，① 是重、黎后人为了在民众中树立威信而将历史神话化的结果。最后一句"夫天地成而不变，何比之有"，不仅强调"重寔上天，黎寔下地"并非史实，而且重新回到楚昭王提出的问题上。②

所以，观射父所言"绝地天通"，并不像当今学者解释的那样，是指对巫术的垄断（或是通过垄断巫术来垄断神职）——观射父再三强调，普通民众是没有能力从事包括巫术在内的宗教事务的，这意味着，在他看来，普通民众"越俎代庖"不过是以假乱真而已——而是指统治阶级垄断宗教事务，禁止民间淫祀③。宋人黄震说"楚俗尚鬼，淫祀至今。观射父之论极其本本源源矣"④，所言极为到位，本章第一节所引苏轼等人的话，无一例外均作如是观。今天的学者对观射父的

---

① 《山海经·大荒西经》中的记载可能与此同意："颛顼生老童，老童生重及黎。帝令重献上天，令黎邛下地。"参见郝懿行《山海经笺疏》，栾保群点校，北京：中华书局，2019年，第354、355页。

② 与"重寔上天，黎寔下地"一样，楚昭王所问"《周书》所谓重、黎寔使天地不通者，何也"一句中也出现了"寔"字。

③ 《礼记·曲礼下》："凡祭，有其废之，莫敢举也。有其举之，莫敢废也。非其所祭而祭之，名曰'淫祀'，淫祀无福。"参见郑玄注，孔颖达疏《礼记正义》卷第五，龚抗云整理，王文锦审定，北京：北京大学出版社，2000年，第180页。

④ 黄震：《黄氏日抄》卷第五十二，张伟、何忠礼主编《黄震全集》第5册，杭州：浙江大学出版社，2013年，第1695页。

解释加以损益，发表的议论离《楚语》的文本已经很远了。①

　　应该说，除了个别句子需要仔细斟酌外，《楚语》的文本并不难懂。那么，今天的学者为什么会肆意曲解观射父的意思，以至于与观射父的本意背道而驰呢？根本原因或许在于，今天的学者将观射父的话看作历史知识，以为他做的是一项有关上古史的"科普"工作，而观射父讲的其实是治国理政的教训和道理，他正在借解释"绝地天通"的机会，不露声色地向楚昭王进谏。

　　这里有必要谈谈《国语》一书的性质。汉代以降，或以为《国语》是"《春秋》外传"（如《汉书·律历志》等），或断它为"杂史"（如《四库全书总目提要》），或将之划分为"国别史"（如《史通通释》）。这些都有助于我们认识《国语》的特色。但正如韦昭在《国语解叙》中所言，《国语》的主要内容是"邦国成败，嘉言善语，阴阳律吕，天时人事逆顺之数"②，其最主要的功用并不是按时间顺序或按照国别记录历史，而是总结经验教训。王树民、沈长云认为：

---

① 本章第二节已经论述了当今的主流观点及其由来，这里再补充李零的意见。李零说："现在人们多以为这【笔者按：指'绝地天通'】是讲巫术起源，但我们理解，这一故事的主题是讲职官的起源，特别是史官的起源。因为在《国语·楚语下》的原文中，楚昭王提出的问题是：如果没有重、黎分司天地，百姓是否也可通天降神。它所涉及的主要不是巫术的起源问题，而是史官文化能不能由民间巫术取代的问题。"又说："故事要讲的道理是，人类早期的宗教职能本来是由巫觋担任，后来开始有天、地二官的划分：天官，即祝宗卜史一类职官，他们是管通天降神；地官，即司徒、司马、司工一类职官，他们是管土地民人。祝宗卜史一出，则巫道不行，但巫和祝宗卜史曾长期较量，最后是祝宗卜史占了上风，史官文化占了上风。这叫'绝地天通'。"参见李零《中国方术考》（典藏本），北京：中华书局，2019年，第10页；李零《中国方术续考》，北京：中华书局，2006年，第363页。李零对"巫史传统"的解释或许有一定道理，但他的话离《楚语》的文本已经太远了：第一，人们并没有认为观射父在讲巫术的起源，而是认为在讲巫的起源（或者说巫术被垄断的起源）；第二，楚昭王提出的问题并不是"如果没有重、黎分司天地，百姓是否也可通天降神"（这应该是将观射父的解释附会给楚昭王的），而是"如果重、黎没有断绝天地之间的交通，人难道就能登天了吗"；第三，观射父所言或许涉及史官文化的起源，但其用意却并非讲述史官文化与巫文化的斗争。

② 韦昭注，徐元诰集解《国语集解》，王树民、沈长云点校，北京：中华书局，2019年，第625页。

"从严格意义上讲，《国语》实际并不是一部史，它的目的并不在于纪事；以国分类，亦不是它的主要特色。《国语》的特点在于它是一部'语'，'语'的本义是议论。《说文》云：'语，论也。'其解'言'字曰：'直言曰言，论难曰语。'是《国语》本为一部议论总集。"① 陈桐生也指出："（《国语》）编者选编的宗旨是为王侯治国'道训典，献善败'，其中劝谏内容远远多于颂美。我们必须说，《国语》编者是一位具有高度政治责任感和强烈敬业精神的史官，他所选入的每一条材料都具有不同程度的垂鉴意义。"② 他们的意见是中肯的。

我国南方素有尚鬼、淫祀的社会习俗。《吕氏春秋》："荆人畏鬼而越人信禨。"③《汉书·地理志》："楚有江汉川泽山林之饶……信巫鬼，重淫祀。"④《清稗类钞》："楚人好鬼，越人好禨，自古而然。"⑤ 这种风气不仅是社会的不稳定因素，还直接导致了物质财富的大量流失。《风俗通义》："会稽俗多淫祀，好卜筮，民一以牛祭，巫祝赋敛受谢，民畏其口，惧被祟，不敢拒逆；是以财尽于鬼神，产匮于祭祀。或贫家不能以时祀，至竟言不敢食牛肉，或发病且死，先为牛鸣，其畏惧如此。"⑥ 而正如刘师培所指出的，"楚人多尚鬼事神，则以三苗旧居洞庭而苗族淫祀之风犹存于荆楚"⑦，这种屡禁不止的习俗很可能是三苗遗风。

将《国语》的性质和楚地的尚鬼、淫祀之风结合起来看，我们基

---

① 参见王树民、沈长云为《国语集解》写的前言，韦昭注，徐元诰集解《国语集解》，王树民、沈长云点校，北京：中华书局，2019年，"前言"第1页。

② 陈桐生：《〈国语〉的性质和文学价值》，《文学遗产》2007年第4期，第5页。

③ 许维遹：《吕氏春秋集释》卷第十，北京：中华书局，2009年，第230页。

④ 班固著，颜师古注《汉书》卷第二十八下，北京：中华书局，1962年，第1666页。

⑤ 徐珂编撰《清稗类钞》第3册，北京：中华书局，2010年，第1254页。

⑥ 应劭撰，王利器校注《风俗通义校注》卷第九，北京：中华书局，1981年，第401页。

⑦ 刘师培：《左盦外集》，《刘师培全集》第3册，北京：中共中央党校出版社，1997年，第403页下栏。

本可以断定：观射父的话是针对楚俗的危害而发的。需要说明的是，虽然在表面上，观射父的矛头对准的是民间，但"上行下效，淫俗将成，败国乱人，实由兹起"①，民间盛行淫祀之风与楚国的统治者大有干系，所以观射父的话同时也是对楚昭王本人的劝谏。楚国君主信巫鬼甚深，以楚灵王（逝于公元前 529 年）和楚怀王（逝于公元前 296 年）为例，《太平御览》引桓谭《新论》："昔楚灵王骄逸轻下，简贤务鬼，信巫祝之道，斋戒洁鲜以祀上帝、礼群神，躬执羽绂，起舞坛前。吴人来攻，其国人告急，而灵王鼓舞自若，顾应之曰：'寡人方祭上帝，乐明神，当蒙福祐焉，不敢赴救。'而吴兵遂至，俘获其太子及后姬以下。"②《汉书·郊祀志》："楚怀王隆祭祀，事鬼神，欲以获福助，却秦师，而兵挫地削，身辱国危。"③ 楚灵王和楚怀王都将社稷安危托于鬼神。统治者尚且如此，平民纷纷向鬼神祈福禳灾也就不足为奇了。相比之下，楚昭王是个例外。《左传·哀公六年》记载了他生命最后一个年头的景象：

是岁也，有云如众赤鸟，夹日以飞三日。楚子使问诸周大史。周大史曰："其当王身乎！若禜之，可移于令尹、司马。"王曰："除腹心之疾，而置诸股肱，何益？不谷不有大过，天其夭诸？有罪受罚，又焉移之？"遂弗禜。

初，昭王有疾。卜曰："河为祟。"王弗祭。大夫请祭诸郊。王曰："三代命祀，祭不越望。江、汉、雎、章，楚之望也。祸福之至，不是过也。不谷虽不德，河非所获罪也。"遂弗祭。

---

① 刘昫等：《旧唐书》卷第一百九十中，北京：中华书局，1975 年，第 5028 页。
② 李昉等编撰《太平御览》卷第五百二十六，文渊阁《四库全书》第 898 册，台北：台湾商务印书馆，1984 年，第 27 页上栏。
③ 班固著，颜师古注《汉书》卷第二十五下，北京：中华书局，1962 年，第 1260 页。

孔子曰："楚昭王知大道矣。其不失国也，宜哉！《夏书》曰：'惟彼陶唐，帅彼天常。有此冀方，今失其行。乱其纪纲，乃灭而亡。'又曰：'允出兹在兹，由己率常可矣。'"①

楚昭王或许仍然是相信巫鬼的，但他的言行明显透露出一种迥异于楚地风俗的人文气息和自我克制。正因为此，孔子才会称赞楚昭王明白"大道"。楚昭王的选择与当年观射父向他解释"绝地天通"一事会不会存在某种关联呢？

第四节 "绝地天通"在《尚书·吕刑》中的含义

从东汉末年的太平道到清末的义和拳，淫祀的兴起总是伴随着政治局势的混乱。古人将《楚语》强调的"鬼神制世"和《吕刑》强调的"德衰政乱"联系起来，的确可以从历史中找到事实依据。但这仅能说明《楚语》所谈的问题和《吕刑》所谈的问题具有相关性，而无法证明观射父的回答能够契合《吕刑》的语境。

我们来看《吕刑》是如何讲的：

惟吕命王："享国百年，耄荒。度作刑，以诘四方。"

这是说，吕侯向周穆王建议："周受天命享有天下已经有一百年左右了，就像人年老了之后变得昏聩，天下已经疏于治理了。请您讲

---

① 左丘明传，杜预注，孔颖达正义《春秋左传正义》卷第五十八，浦卫忠等整理，杨向奎审定，北京：北京大学出版社，2000 年，第 1883—1885 页。

讲施加刑罚的原则标准，好责成四方诸侯遵照执行。"①

　　　王曰："若古有训，蚩尤惟始作乱，延及于平民，罔不寇贼鸱义，奸宄夺攘矫虔。苗民弗用灵，制以刑，惟作五虐之刑曰法，杀戮无辜。爰始淫为劓、刵、椓、黥。越兹丽刑，并制，罔差有辞。民兴胥渐，泯泯棼棼，罔中于信，以覆诅盟。虐威，庶戮方告无辜于上。上帝监民，罔有馨香，德刑发闻惟腥。"

　　周穆王说道："祖宗有遗训。蚩尤作乱，祸及平民，豺狼当道，坏人横行。苗民的统治者暴虐不仁。他们发明酷刑，滥杀无辜，以至于怨声载道，民不聊生。蒙冤的人走投无路，只好向上帝告状。上帝监察苗民，发现没有禘祭产生的馨香，只有酷刑导致的腥臭。"

　　　（王曰）："皇帝哀矜庶戮之不辜，报虐以威，遏绝苗民，无世在下。乃命重、黎绝地天通，罔有降格。"

　　这是说："皇帝怜悯受难的人，严惩了施暴者。"若按照观射父对"绝地天通"的解释，接下去的话便是："于是派重、黎禁绝淫祀。"——不得不说，这实在过于突兀了！②

　　事实上，早在 20 世纪 60 年代，已有学人指出："观射父的解答，

---

① 此段大意，笔者的理解与诸家有较大出入。钱宗武的译文为："吕侯为相时，周穆王已经在位多年，年纪很老了，仍然大谋制定刑典，来禁戒天下臣民。"李民、王健的译文为："吕侯受命辅佐周穆王，这时，周穆王享有王位已经很久了，他的年纪大约八九十岁。他命令吕侯充分考虑当时的社会状况，制定刑法以禁束四方诸侯。"参见江灏、钱宗武译注《今古文尚书全译》，贵阳：贵州人民出版社，2008 年，第 346 页；李民、王健《尚书译注》，上海：上海古籍出版社，2012 年，第 316 页。

② 按照当今主流观点的解释，接下去的话是"于是派重、黎独掌神职"。这同样存在上下文衔接不畅的问题。

不必完全符合《吕刑》所载的'绝地天通'的事件","后来关于重和黎的说法皆本《国语·楚语（下）》，不能为据。'乃命重黎，绝地天通，罔有降格'，也不是如观射父所说，'乃命南正重司天以属神，命火正黎司地以属民'。观射父的这种解说，就《吕刑》这句话的文法看，也是通不过的"①。这些意见比古人的怀疑更进一步，是极正确的。

观射父"《周书》郢说"有两种可能的原因：一是他本来就不知道《吕刑》中"绝地天通"一语确切的含义；二是他出于劝诫的目的，有意进行创造性阐释。

这要从楚国的历史说起。

楚国先祖鬻熊曾参与周文王的事业，但在武王伐纣前就已经去世。②周成王分赏功臣之后，楚国君主熊绎也在列。《史记·楚世家》："熊绎当周成王之时，举文、武勤劳之后嗣，而封熊绎于楚蛮，封以子男之田，姓芈氏，居丹阳。楚子熊绎与鲁公伯禽、卫康叔子牟、晋侯燮、齐太公子吕伋俱事成王。"③然而，楚国的地位与华夏诸侯并不平等。弭兵之盟时，叔向对赵文子说："昔成王盟诸侯于岐阳，楚为

---

① 关锋：《求学集》，上海：上海人民出版社，1962年，第210—215页。
② 《史记·周本纪》："西伯曰文王，遵后稷、公刘之业，则古公、公季之法，笃仁，敬老，慈少。礼下贤者，日中不暇食以待士，士以此多归之。伯夷、叔齐在孤竹，闻西伯善养老，盍往归之。太颠、闳夭、散宜生、鬻子、辛甲大夫之徒皆往归之。"《史记·楚世家》："周文王之时，季连之苗裔曰鬻熊。鬻熊子事文王，早卒。其子曰熊丽。熊丽生熊狂，熊狂生熊绎。"同篇记楚武王熊通语："吾先鬻熊，文王之师也，早终。"参见司马迁撰，裴骃集解，司马贞索隐，张守节正义《史记》卷第四、卷第四十，北京：中华书局，2014年，第151、2042、2046页。上述史料中"鬻熊子事文王"之"子"字、"文王之师"之"师"字，历来有不同的解释。当代楚史研究专家罗运环认为，"鬻子即'鬻熊子'的省称，也就是鬻熊"，"'事文王'即为'文王之师'，也就是鬻熊在周人那里担任了'师'的职官"，可备一说。参见罗运环《楚国八百年》，武汉：武汉大学出版社，1992年，第71页。笔者认为前一句的意思是鬻熊像儿子对父亲一样侍奉周文王；后一句的意思是鬻熊及其族人听候周文王的调遣（指用于征伐），"师"指军队，即"成周八师""殷八师"之"师"。
③ 司马迁撰，裴骃集解，司马贞索隐，张守节正义《史记》卷第四十，北京：中华书局，2014年，第2042页。

荆蛮，置茅蕝，设望表，与鲜牟守燎，故不与盟。"① 楚灵王亦曾抱怨："昔我先王熊绎与吕级、王孙牟、燮父、禽父并事康王，四国皆有分，我独无有。"② 受封而不得与盟，效忠而没有分赏。这表明，至少在西周前期，楚国虽被纳入周王朝的统治体系，实际上仍被当作蛮夷看待。

周夷王时，楚国君主熊渠立他的三个儿子为王，公然宣称"我蛮夷也，不与中国之号谥"③。公元前 706 年，楚国攻打随国。随人认为无故兴兵有违华夏共识，楚君熊通对随人说道："我蛮夷也。今诸侯皆为叛相侵，或相杀。我有敝甲，欲以观中国之政，请王室尊吾号。"④ 熊渠和熊通都强调楚国是蛮夷，背后的动机却有很大的差异：熊渠趁周王室衰微，企图和"中国"划清界限，呈现出一种离心的倾向；熊通则恰恰相反，他使用欺诈的手段，目的是要成为"中国"的一分子。熊通后来也自立为王，不过这是求而不得的愤怒之举。此后，楚国贵族开始主动学习华夏文化，到邲之战（公元前 597 年）时，楚庄王已经能熟练地引用《周颂》作答了。

但《左传》中的另一条材料提醒我们，楚人对周室旧典的掌握可能是比较有限的。楚灵王（楚昭王的伯父）向子革介绍倚相："是良史也，子善视之。是能读《三坟》《五典》《八索》《九丘》。"子革的回答丝毫不留情面："臣尝问焉。昔穆王欲肆其心，周行天下，将皆必有车辙马迹焉。祭公谋父作《祈招》之诗，以止王心。王是以获没

① 《国语》卷第十四，上海师范大学古籍整理研究所校点，上海：上海古籍出版社，1988年，第 466 页。
② 左丘明传，杜预注，孔颖达正义《春秋左传正义》卷第四十五，浦卫忠等整理，杨向奎审定，北京：北京大学出版社，2000 年，第 1501、1502 页。
③ 司马迁撰，裴骃集解，司马贞索引，张守节正义《史记》卷第四十，北京：中华书局，2014 年，第 2043 页。
④ 司马迁撰，裴骃集解，司马贞索引，张守节正义《史记》卷第四十，北京：中华书局，2014 年，第 2046 页。

于祇宫。臣问其诗而不知也。若问远焉，其焉能知之?"① 倚相是楚王眼中的良史，子革是郑国的公孙。子革对倚相的评价很能反映楚人对周室旧典的熟悉程度。

观射父与倚相齐名。在出使晋国的时候，王孙圉对他们做过一番介绍："楚之所宝者，曰观射父，能作训辞，以行事于诸侯，使无以寡君为口实。又有左史倚相，能道训典，以叙百物，以朝夕献善败于寡君，使寡君无忘先王之业，又能上下说于鬼神，顺道其欲恶，使神无有怨痛于楚国。"② 从中可知，观射父长于"作训辞"，倚相长于"道训典"，亦即在对经典的熟悉程度上，倚相更胜一筹。既然倚相没有听说过周穆王时期的《祈招》诗，那么观射父不知道周穆王所说"绝地天通"确切的意思便在情理之中。换个角度看，所谓"能作训辞"，就是擅长讲教训；所谓"行事于诸侯"，则常常要断章赋《诗》。这便意味着，观射父即使知道周穆王所说"绝地天通"确切的意思，也很可能通过断章取义来向楚昭王讲述治国的道理。

现在让我们重新回到《吕刑》，一探"绝地天通"的本来意思。

上文已讲到"皇帝怜悯受难的人，严惩了施暴者"。惩罚的内容就是"遏绝苗民，无世在下"。"伪孔传"："哀矜众被戮者之不辜，乃报为虐者以威，诛遏绝苗民，使无世位在下国也。"孔颖达曰："言以刑虐，故灭之也。"③ 这一观点为后人所接受。例如，薛季宣《书古文训》："尧哀庶戮之滥，奉行天威以报有苗之虐，放之于远，不得传国

---

① 左丘明传，杜预注，孔颖达正义《春秋左传正义》卷第四十五，浦卫忠等整理，杨向奎审定，北京：北京大学出版社，2000 年，第 1504、1505 页。

② 《国语》卷第十八，上海师范大学古籍整理研究所校点，上海：上海古籍出版社，1988年，第 580 页。

③ 孔安国传，孔颖达疏《尚书正义》卷第十九，廖名春、陈明整理，吕绍纲审定，北京：北京大学出版社，2000 年，第 631、632 页。

于后。"① 又如，夏僎《尚书详解》："帝尧知天意之所向，哀伤矜怜众遭有苗杀戮而无罪者，乃以德威诛伐而报苗民之暴虐，正绝其嗣，俾无有继世而在天下者，盖谓诛绝之也。"② 也就是说，苗民因滥刑而被灭国。这样解释是没有问题的。

紧接着便是"乃命重黎绝地天通，罔有降格"。"乃"字在这里表示承接关系，可知不仅"绝地天通"与"罔有降格"的关系极为紧密，"绝地天通，罔有降格"与"遏绝苗民，无世在下"的关系亦极为紧密。笔者认为，"遏绝苗民，无世在下"讲的是"皇帝"的意图，"乃命重黎绝地天通，罔有降格"则是真实发生的事，是贯彻"皇帝"意图后的结果。所谓"绝地天通"，意为阻断苗民和天（上帝）之间的联系；所谓"罔有降格"，意为神不再降到苗民中间去。"绝地天通，罔有降格"与"遏绝苗民，无世在下"一样，均表示苗民被灭国。

在讲完苗民的故事后，周穆王话锋一转，开始陈述起"三后"（伯夷、大禹、后稷）的功绩来，说他们之所以"配享在下"，是因为敬德慎刑。周穆王告诫"四方司政典狱"，只有吸取苗民的教训（滥刑而被"绝地天通"），以"三后"为榜样（慎刑而得以"配享在下"），才会不失"天牧"的资格。

不难发现，周穆王的训辞章法井然，顺其文理讲下来，并无特别滞涩之处。

就像"殷革夏命"是商汤打败夏桀的意思一样，"重黎绝地天通"的实质是重黎所在的部族打败了苗民的部族。《史记·楚世家》开头的一段文字很可能与这段模糊的历史有关："楚之先祖出自帝颛顼高阳。高阳者，黄帝之孙，昌意之子也。高阳生称，称生卷章，卷章生重黎。

---

① 薛季宣：《书古文训》卷第十五，清康熙十九年通志堂刻《通志堂经解》本。
② 夏僎：《尚书详解》卷第二十五，清乾隆武英殿木活字印《武英殿聚珍版书》本。

重黎为帝喾高辛居火正，甚有功，能光融天下，帝喾命曰祝融。共工氏作乱，帝喾使重黎诛之而不尽。帝乃以庚寅日诛重黎，而以其弟吴回为重黎后，复居火正，为祝融。"① 虽然下令者变成了帝喾（观射父称是帝颛顼，后人或称是帝尧），作乱者变成了共工氏，但所述重黎的主要事业仍然是征服、驱逐另一个部族——即使这一事业未能毕其功于一代。

关于"重黎绝地天通"背后的史实，顾颉刚、刘起釪是这样说的：

> 在这里似看到一个历史的影子，即居住华夏大地中原地区早期华夏族政权利用民族矛盾，"以夷制夷"。从上文看到苗族逐步向南迁移，总是有楚族在其后面驱赶着它。这里是还未南迁尚居住在黄河下游的蚩尤余众黎苗族向征服者进行斗争（乱德、民神杂糅、不可方物等），征服者就用楚族的祖先重黎来镇压他们。②

这一观点颇有见地。在《中国古史的传说时代》一书中，徐旭生提出了华夏、夷、蛮三集团说。③ 他将颛顼归入华夏，蚩尤归入东夷，

① 司马迁撰，裴骃集解，司马贞索引，张守节正义《史记》卷第四十，北京：中华书局，2014 年，第 2039 页。又，《淮南子·天文训》："昔者共工与颛顼争为帝，怒而触不周之山。"《淮南子·兵略训》："颛顼尝与共工争矣……共工为水害，故颛顼诛之。"参见刘文典《淮南鸿烈集解》卷第三、卷第十五，冯逸、乔华点校，北京：中华书局，2017 年，第 95、96、589 页。

② 顾颉刚、刘起釪：《尚书校释译论》，北京：中华书局，2005 年，第 1959 页。

③ 在徐旭生之前，蒙文通已提出河洛、海岱、江汉三集团说，傅斯年也提出了夷夏东西说，三位先生在论述时各有偏重。参见蒙文通《古史甄微》，《蒙文通文集》第 5 卷，成都：巴蜀书社，1987 年，第 42—61 页；傅斯年《夷夏东西说》，《傅斯年全集》第 3 册，台北：联经出版事业公司，1980 年，第 822—893 页。顾颉刚也很早就指出："读古史的人每易有一个成见，以为中国自黄帝'方制万里，画野分州'以来，永远是一统；地域的区画，秦以前是封建，秦以后是郡县。因为有了这一个成见，所以觉得唐虞三代的天子威严与秦汉是没有差异的，唐虞夏商的政治纲领与周代是没有差异的。"参见顾颉刚《讨论古史答刘、胡二先生》，顾颉刚编著《古史辨》第 1 册，上海：上海古籍出版社，1982 年，第 142 页。

苗民归入苗蛮,这些都是很有价值的论断。^① 但在解释"绝地天通"
的时候,或许因为分析的文本是《楚语》而非《吕刑》,他没有看到
这是不同集团之间的斗争,而不是同一集团内部的矛盾。

在过去的研究中,关锋、叶林生、张树国都已经指出"绝地天
通"与两个部族的战争有关。至于"绝地天通"一词的具体含义,诸
家的意见仍不尽相同。关锋认为"绝地天通"意为"取缔他们【笔者
按:指被征服的苗民】的通天大巫","罔有降格"意为"不准重黎再
有降神、接神,向上帝报告和请示的事"^②。叶林生认为"绝地天通"
是指有虞氏部族在战胜苗蛮部族后将其分为南、北两个部分,彼此隔
绝,如天地之不相通,"所谓'绝地天通',天、地二字实为后世
'贴'上的,'绝'两部分苗民之'通'是其本质"^③。张树国认为
"绝地天通"表示取消苗民祀天地的资格,是使战败一方永世不得翻
身的惩罚。^④

上述意见都很有启发性,但可能欠准确。叶林生的解读与紧接着
的"罔有降格"很难连接起来,而张树国的解读加上主语"重黎"后
亦殊为怪异。且若按叶、张两位先生的意见,"乃命重黎绝地天通"
的"乃"字皆无着落。究其原因,"绝地天通"背后的史实与周穆王
使用"绝地天通"一词想表达的意思两者未必完全一致——前者是事

---

① 关于《中国古史的传说时代》一书在学术史上的地位,可以参见李零《帝系、族姓的历
   史还原:读徐旭生〈中国古史的传说时代〉》,《文史》2017年第3辑,第5—33页;陈
   星灿《中国上古史研究的经典之作:徐旭生与他的〈中国古史的传说时代〉》,徐旭生:
   《中国古史的传说时代》,北京:商务印书馆,2023年,第431—443页。
② 关锋:《求学集》,上海:上海人民出版社,1962年,第214页。
③ 叶林生:《"绝地天通"新考》,《中南民族大学学报》(人文社会科学版)第5期,第
   58页。
④ 张树国:《绝地天通:上古社会巫觋政治的隐喻剖析》,《深圳大学学报》(人文社会科学
   版)2003年第2期,第94页。该文仅用《尚书·吕刑》中的"绝地天通"引出话题,
   分析的重点仍在《国语·楚语》的相关记载,且作者认为"绝地天通"是巫术向宗教演
   变的一个隐喻说法,这就又回到徐旭生开辟的老路上去了。

实，而后者可能还隐含了意识形态。

笔者认为，"绝地天通"意为使苗民无法再"配享在下"，它就是指苗民战败乃至被灭国一事本身。又因为苗民战败是因为滥刑而被天所弃，所以"绝地天通"也暗含了苗民被天厌弃的意思。

第五节　"绝地天通"的美学史意义

现将"绝地天通"在先秦文本中的意思和作用综述如下。

（一）"绝地天通"一词最早见于《尚书·吕刑》，本指重黎所在部族打败了苗民的部族。周穆王不说"革其天命"而改称"绝地天通"，可能是因为苗民不属于华夏正统，无法和夏、商并列。但两者在本质上并没有任何区别，引苗民为戒与"殷鉴不远"（《诗经·荡》）具有完全相同的现实意义。

（二）在《国语·楚语》中，"绝地天通"指统治阶级垄断宗教事务，禁止民间淫祀。按照楚昭王的提问，观射父本应解释"绝地天通"一词在《尚书·吕刑》中的意思，但他采取断章取义的手法，针对楚地淫祀之风的危害进行创造性阐释，从而达到了向楚昭王劝谏的目的。

（三）如果观射父所言无误，那么"重寔上天，黎寔下地"（很可能还包括了《山海经·大荒西经》所载"帝令重献上天，令黎邛下地"）的说法是在西周晚期才开始出现的。重黎的后裔为了在民众中取得威信，故而将其祖先神话化。

这里，笔者想就"绝地天通"的初义再多谈几句。我们知道，认为战败乃上帝"降咎"的缘故是周代以前就有的观念（殷墟甲骨卜辞中频频出现的"亡祸"一词最能说明这一点），认为德行有缺而被上帝"降咎"则是到了周代才有的观念。在《尚书·吕刑》的语境中，"绝地天通"与通常所说的"以德配天"讲的其实是同一回事，中间透露出一种深深的忧患意识。

从周公制礼作乐到东周百家争鸣，忧患意识牢牢地扎根于早期思想文化的最深处。《周易·系辞》的作者早就敏锐地发觉了这一点，其曰："《易》之兴也，其于中古乎？作《易》者，其有忧患乎？"[①]徐复观对忧患意识的内涵做过深刻解读，指出"忧患心理的形成，乃是从当事者对吉凶成败的深思熟考而来的远见；在这种远见中，主要发现了吉凶成败与当事者行为的密切关系，及当事者在行为上所应负的责任"[②]。由此可以见出，所谓忧患意识，既包含了"战战兢兢，如临深渊，如履薄冰"的审慎品格，也包括"思患而豫防之"的主体自觉与责任担当。

这样一种忧患意识对先秦诸子的美学思想产生了极为巨大的影响。甚至可以认为，先秦诸子美学思想的出发点与归结处都是忧患意识。先秦诸子虽然有着不同的立场和思想进路，但都分享了"礼崩乐坏"的时代背景。礼乐文化的崩溃并不等同于审美文化的衰落。准确地说，它意味着审美文化过度滋生以至于在某种意义上完全失控，并由此导致个体精神危机和社会风险的集中爆发。所以，对于当时世俗的审美文化，诸子无一例外都抱持高度的戒惧姿态，他们的美学思想，可以看作对"过分的、不恰当的美"的忧思与反拨。

诸子所忧主要出于以下四种维度。

所忧者一，是美与德的分离。早在文明曙光初现之时，美就已经成为权力的象征。殷周鼎革之际，新政权的统治者创造性地提出"以

---

① 王弼注，孔颖达疏《周易正义》，卢光明、李申整理，吕绍纲审定，北京：北京大学出版社，2000年，第368页。

② 徐复观：《中国人性论史·先秦篇》，北京：九州出版社，2013年，第20页。

德配天"的观念，将权力的合法性与德紧密地联系在一起，这样一来，美也就同时成了德性的外在显现。美、权力、道德三者的统一具有重要的现实意义：在政治上，占有与自身不匹配的美无疑是一种人神共愤的禁忌；而反过来，这种禁忌又在道德层面对人起到了相当程度的约束作用。比如，周恭王时，有三个美女奔嫁密康公，密康公的母亲认为应该将美女献给周王，并告诫说："夫粲，美之物也。众以美物归女，而何德以堪之？王犹不堪，况尔小丑？小丑备物，终必亡。"① 然而，随着周王室的衰微和政治地图的剧烈变动，"天命"观念开始受到普遍质疑，权力和道德之间的纽带日渐稀松，美和道德不可避免地发生了脱钩。孔子愤然说："八佾舞于庭，是可忍也，孰不可忍也？"② 原本为昭彰秩序而设的审美禁忌，反而大大刺激了不轨者的觊觎之心。

所忧者二，是美对真的遮蔽。礼乐文化虽然也存在以素为贵的特殊情形，所谓"至敬无文，父党无容，大圭不琢，大羹不和"③；但就一般情况而言，主要还是讲究"无本不立，无文不行"④。在具体的实践活动中，外在的"文"因兼具表征权力等功能，又受到生产力发展、物质文化渐趋丰富的影响，故而很容易走向过度；另一方面，外在形式的程式化以及不断重复，则使得"本"亦即真情实意很容易不足以至于完全缺席。随着"文"与"本"之间的距离越拉越大，礼乐

---

① 《国语》卷第一，上海师范大学古籍整理研究所校点，上海：上海古籍出版社，1988年，第8页。

② 何晏注，邢昺疏《论语注疏》卷第三，朱汉民整理，张岂之审定，北京：北京大学出版社，2000年，第30页。

③ 郑玄注，孔颖达疏《礼记正义》卷第二十三，龚抗云整理，王文锦审定，北京：北京大学出版社，2000年，第853页。

④ 郑玄注，孔颖达疏《礼记正义》卷第二十三，龚抗云整理，王文锦审定，北京：北京大学出版社，2000年，第836页。

文化便有沦为虚伪的危险。老子通晓史事，直陈"信言不美，美言不信"①，又说"夫礼者，忠信之薄而乱之首。前识者，道之华而愚之始。是以大丈夫处其厚，不居其薄，处其实，不居其华"②。他似乎认为这是一种无法人为干预的规律。孔子虽然不如老子悲观，但也认为"巧言令色，鲜矣仁"③，主张"礼，与其奢也，宁俭；丧，与其易也，宁戚"④。他将虚文浮美视为礼乐文化的致命威胁。

所忧者三，是过分的美对个体幸福的妨害。美丽的事物既是权力的象征，也是奢华生活的物质凭借。无论出于何种目的，对于世俗之美的追逐都是欲念的具体表现。先秦思想家冷静地观察到，人的欲望总是没有止境的，穷奢极欲并没有带来心灵上的安宁，人反而因为感官刺激过于强烈而变得麻木不仁。老子尤其重视纵情声色对人之本性的戕害：其曰："五色令人目盲，五音令人耳聋，五味令人口爽，驰骋畋猎令人心发狂，难得之货令人行妨。"⑤ 庄子也说过几乎一模一样的话。先秦儒家则往往将物欲追求与德性追求并置，以此突出后者的难能可贵。孔子说"未见好德如好色者也"⑥，孟子声称"从其大体为大人，从其小体为小人"⑦。他们的这些言论虽不像老庄那样对物欲追求加以强烈的否定，但暗含了明确的价值选择。

所忧者四，是过分的美对生产生活的破坏。为了满足统治阶层骄

① 王弼注，楼宇烈校释《老子道德经注校释》，北京：中华书局，2008 年，第 191 页。
② 王弼注，楼宇烈校释《老子道德经注校释》，北京：中华书局，2008 年，第 93 页。
③ 何晏注，邢昺疏《论语注疏》卷第十七，朱汉民整理，张岂之审定，北京：北京大学出版社，2000 年，第 273 页。
④ 何晏注，邢昺疏《论语注疏》卷第三，朱汉民整理，张岂之审定，北京：北京大学出版社，2000 年，第 32 页。
⑤ 王弼注，楼宇烈校释《老子道德经注校释》，北京：中华书局，2008 年，第 27 页。
⑥ 何晏注，邢昺疏《论语注疏》卷第十五，朱汉民整理，张岂之审定，北京：北京大学出版社，2000 年，第 241 页。
⑦ 赵岐注，孙奭疏《孟子注疏》卷第十一下，廖名春、刘佑平整理，钱逊审定，北京：北京大学出版社，2000 年，第 369 页。

奢淫逸的需求，老百姓的正常生活遭到了严重的破坏。正因为此，孟子在劝谏齐宣王的时候提出了独乐乐不如众乐乐，统治者应该"与民同乐"①的著名命题。事实上，统治阶层声色犬马的奢靡生活引起了当时有识之士的广泛担忧。比如，楚灵王陶醉于章华台的高大华美，伍举谆谆告诫道："臣闻国君服宠以为美，安民以为乐，听德以为聪，致远以为明。不闻其以土木之崇高、彤镂为美，而以金石匏竹之昌大、嚣庶为乐；不闻其以观大、视侈、淫色以为明，而以察清浊为聪。"②墨子主张尚同、兼爱，又对百姓的艰辛困苦有着更为深入的体察，所以对于这一点尤其重视。商鞅也十分警惕物欲横流对生产的破坏，不过他的出发点是赢得兼并战争，与儒、墨两家有着本质上的区别。

诸子所忧之症各有侧重，开出的药方也截然不同。

孔子既是礼乐文化的维护者，也是礼乐文化的改良派。礼乐文化本身兼有政和教两个方面。孔子在政治的一面"知其不可而为之"③，但终究未能挽大厦于将倾。在教育的一面，孔子打破了贵族对精英教育的垄断，并着重发挥了以培养文质彬彬之君子为目的的乐教传统，借助音乐的力量而非政治权力将美与道德重新融合在一起，从而使礼乐文化的延续以及秩序的重建得以可能。正如王夫之在《俟解》里所说，"圣人以《诗》教以荡涤其浊心，震其暮气，纳之于豪杰而后期之以圣贤，此救人道于乱世之大权也"④。需要注意的是，仅就美育而言，孟子和荀子似乎都没有完全继承孔子的衣钵，甚至发生了较大偏

---

① 赵岐注，孙奭疏《孟子注疏》卷第二上，廖名春、刘佑平整理，钱逊审定，北京：北京大学出版社，2000年，第39页。

② 《国语》卷第十七，上海师范大学古籍整理研究所校点，上海：上海古籍出版社，1988年，第541页。

③ 何晏注，邢昺疏《论语注疏》卷第十四，朱汉民整理，张岂之审定，北京：北京大学出版社，2000年，第227页。

④ 王夫之：《俟解》，《船山全书》第12册，长沙：岳麓书社，1996年，第479页。

移。孟子的美学也以追求充满光辉的人格美为主要特征，但其养气论则与孔子的诗教迥然不同。荀子看似礼、乐并重，也十分强调学习的重要，但事实上，他将孔子的高标准的精英教育变成了低标准的大众教育，将孔子基于情感的审美教育变成了基于理性的规范教育。

墨家和法家是礼乐文化彻底的反对者。墨子的论证有着清晰的理路，即考察是否有利于天，是否有利于鬼，是否有利于人，而归根结底，其实就是考察是否有利于百姓的生存与生活。墨子说："民有三患：饥者不得食，寒者不得衣，劳者不得息，三者民之巨患也。然即当为之撞巨钟、击鸣鼓、弹琴瑟、吹竽笙而扬干戚，民衣食之财将安可得乎？"① 在他看来，礼乐文化百无一用，只会劳民伤财，进一步加重下层百姓的负担。商鞅、韩非的论证同样有着清晰的理路，即考察是否有利于农战、法治。商鞅说："国有礼、有乐、有《诗》、有《书》、有善、有修、有孝、有弟、有廉、有辩，国有十者，上无使战，必削至亡；国无十者，上有使战，必兴至王。"② 韩非子说："儒以文乱法，侠以武犯禁，而人主兼而礼之，此所以乱也。"③ 他们严格地排斥一切人文性的东西。

庄子别开生面，他的美学思想是对礼乐文化的超越。从表面上看，老子一系的庄、韩都反对礼乐文化，都否定世俗所谓的美。但我们对两者并不能等同视之，因为庄子在否定的同时，也高悬起至真至诚的"大美"，从而为中国美学思想开辟出新的境地。庄子指出，世人的认知水平是有限度的，美丑、是非的判断是很不可靠的，所以，身安、厚味、美服、好色、音声等世俗价值带来的快乐，不过是寄托于感官享受之中的幻觉而已。那么，如何才能安顿心灵，免除精神的煎

---

① 孙诒让：《墨子间诂》卷第八，孙启治点校，北京：中华书局，2017 年，第 251、252 页。
② 蒋礼鸿：《商君书锥指》卷第一，北京：中华书局，1986 年，第 29 页。
③ 王先慎：《韩非子集解》卷第十九，钟哲点校，北京：中华书局，1998 年，第 449 页。

熬，获得真正的"至乐"呢？庄子认为关键在于"无我"。做到无我，就能做到顺其自然，所谓"得者，时也，失者，顺也；安时而处顺，哀乐不能入也"①。做到无我和顺其自然，也就能进入"饱食而遨游，泛若不系之舟"②的自由境界了。

附　商周之际的文化转向

王国维有个著名的论断："中国政治与文化之变革，莫剧于殷周之际。"③ 本书第二章讲到了商文明在数百年间的变化，这里要再谈谈被人们广泛讨论的殷周之变。说到殷周之变，美学研究者往往只在一般意义上强调神本主义向人本主义的转变，而很少提及新出现的"以德配天"观念。实际上，正如本章第五节所指出的，如果我们不拘囿于西方语境下的"美学"概念，那么便会发现"以德配天"观念在先秦美学史上具有十分重要的地位。弄清该观点的来龙去脉对于厘清中国早期文化在审美领域的发展脉络是大有裨益的。

（一）商纣弃天，还是天弃商纣？

殷商之所以被周取代，用周初统治者的话说，是因为商失掉了天命，而周获得了天命。商为什么会失掉天命呢？周初的统治者宣称是商纣暴虐无道的缘故。至于商纣有哪些具体的罪行，《尚书·商书》中的《西伯戡黎》《微子》和《尚书·周书》中的《牧誓》《酒诰》《多士》《多方》等篇都有所提及。④《牧誓》中是这样讲的：

---

① 郭庆藩：《庄子集释》卷第三上，王孝鱼点校，北京：中华书局，2012 年，第 265 页。
② 郭庆藩：《庄子集释》卷第十上，王孝鱼点校，北京：中华书局，2012 年，第 1034 页。
③ 王国维：《观堂集林·殷周制度论》，谢维扬、房鑫亮主编《王国维全集》第 8 卷，杭州：浙江教育出版社，2009 年，第 302 页。
④ 《尚书·泰誓》记录武王述纣王罪状甚详，但一般认为《泰誓》系东汉之后伪作。

王曰："古人有言曰:'牝鸡无晨。牝鸡之晨,惟家之索。'今商王受惟妇言是用,昏弃厥肆祀弗荅,昏弃厥遗王父母弟不迪,乃惟四方之多罪逋逃,是崇是长,是信是使,是以为大夫卿士。俾暴虐于百姓,以奸宄于商邑。"①

不过,对于周初统治者加给商纣的罪名,时人或许早有非议,伯夷、叔齐耻食周粟、饿死于首阳山的故事可作为旁证。子贡大概是有史可查的最早对纣之恶名提出怀疑的人,其曰:"纣之不善,不如是之甚也。是以君子恶居下流,天下之恶皆归焉。"②

东周以降,商纣的罪名日益增多。《史记·殷本纪》对商纣言行的描述洋洋洒洒,已十分具体生动了:

> 帝纣资辨捷疾,闻见甚敏;材力过人,手格猛兽;知足以距谏,言足以饰非;矜人臣以能,高天下以声,以为皆出己之下。好酒淫乐,嬖于妇人。爱妲己,妲己之言是从。于是使师涓作新淫声,北里之舞,靡靡之乐。厚赋税以实鹿台之钱,而盈钜桥之粟。益收狗马奇物,充仞宫室。益广沙丘苑台,多取野兽飞鸟置其中。慢于鬼神。大冣乐戏于沙丘,以酒为池,悬肉为林,使男女裸相逐其间,为长夜之饮。③

比较《牧誓》和《殷本纪》的记载,其中变化可见一斑。与此同

---

① 孔安国传,孔颖达疏《尚书正义》卷第十一,廖名春、陈明整理,吕绍纲审定,北京:北京大学出版社,2000年,第337—339页。
② 何晏注,邢昺疏《论语注疏》卷第十九,朱汉民整理,张岂之审定,北京:北京大学出版社,2000年,第297页。
③ 司马迁撰,裴骃集解,司马贞索引,张守节正义《史记》卷第三,北京:中华书局,2014年,第135页。

时，怀疑的声音也渐渐多了起来。应劭在《风俗通义》中称："孟轲云：'尧、舜不胜其美，桀、纣不胜其恶。传言失指，图景失形。'众口铄金，积毁消骨，久矣其患之也。"① 唐代的刘知几讲得更加直截了当："武王为《泰誓》，数纣过失，亦犹近代之有吕相为晋绝秦，陈琳为袁檄魏，欲加之罪，能无辞乎？而后来诸子，承其伪说，竞列纣罪，有倍《五经》。故子贡曰：桀、纣之恶不至是，君子恶居下流。班生亦云：安有据妇人临朝！刘向又曰：世人有弑父害君，桀、纣不至是，而天下恶者必以桀、纣为先。此其自古言辛、癸之罪，将非厚诬者乎？"② 这里包含了两层意思：商纣王罪不当诛，甚至根本无罪；商纣王的罪名，许多是后人妄加的。

当疑古思潮方兴未艾之时，顾颉刚发表《纣恶七十事的发生次第》一文。他说："纣只是一个糊涂人：他贪喝了酒，遂忘记了政事，所以把他的国亡掉了。……他的罪状确是只有这一点。这都是庸人的愚昧，并没有奇怪的暴虐。何况这些话大都从周朝人的口中说出来的，他们自己初有天下，以新朝的资格，对于所灭的国君发出几句斥责的话，乃是极平常的事，而且是应该有的事。……我们对于西周时纣的罪恶的传说，只须看作一种兴国对于亡国的循例之言。"③ 他通过编排史料，发现商纣的恶名其实是历代一步步增添上去的。顾先生之所以写这篇文章，应该是为了佐证他提出的"古史是层累地造成的"这一重要观点。但如果仅就《纣恶》一文的思路和结论来说，他的发现和刘知几所说的并没有太大差别。

现在的问题是，如果周初统治者安在商纣头上的罪名纯属"欲加

---

① 应劭撰，王利器校注《风俗通义校注》卷第二，北京：中华书局，1981 年，第 59 页。
② 刘知几著，浦起龙通释《史通通释》卷第十三，王煦华整理，上海：上海古籍出版社，2009 年，第 361 页。
③ 顾颉刚：《纣恶七十事的发生次第》，顾颉刚编著《古史辨》第 2 册，上海：上海古籍出版社，1982 年，第 85 页。

之罪，何患无辞"的托词，又或者不过是一种"循例之言"，那么这些言辞对于分析商朝灭亡的原因是否失去了参考价值？

古今不乏完全撇开《尚书》所记之言来谈商亡原因的例子。《左传·昭公四年》："商纣为黎之蒐，东夷叛之。"[①] 《左传·昭公十一年》："纣克东夷，而陨其身。"[②] 这暗示了殷商灭亡跟平东夷之叛大有关系——甲骨卜辞表明，在商代晚期，殷商的确跟东夷发生了大规模的战争。此外，自竺可桢发表《中国近五千年来气候变迁的初步研究》后，已经有不少研究者根据《竹书纪年》《逸周书》等史料的记载，指出"商末周初中国的气候曾发生突变"[③]，寒冷和干旱很可能导致了大面积的饥荒，从而进一步导致了商周政权的更迭。[④] 这两种意见证据充分，并且合情合理。

然而，《尚书》所记之言亦未可轻易地弃之不理。众所周知，周初统治者对于酗酒一事十分警惕。《酒诰》自不待言。《微子》有"我用沈酗于酒""方兴沈酗于酒"之语。[⑤]《无逸》亦曰："无若殷王受之迷乱，酗于酒德哉！"[⑥] 顾颉刚认为，周人之所以如此重视饮酒的问题，是因为"商人的喝酒正似现在人的吸雅片，已经成了有普遍性的深入骨髓的痼疾了"[⑦]。笔者认为，由于酿酒需要耗费大量的粮食，周

---

① 左丘明传，杜预注，孔颖达正义《春秋左传正义》卷第四十二，浦卫忠等整理，杨向奎审定，北京：北京大学出版社，2000 年，第 1383 页。
② 左丘明传，杜预注，孔颖达正义《春秋左传正义》卷第四十五，浦卫忠等整理，杨向奎审定，北京：北京大学出版社，2000 年，第 1479 页。
③ 葛全胜等：《中国历朝气候变化》，北京：科学出版社，2010 年，第 30、31 页。
④ 参见王晖、黄春长《商末黄河中游气候环境的变化与社会变迁》，《史学月刊》2002 年第 1 期，第 13—18 页。
⑤ 孔安国传，孔颖达疏《尚书正义》卷第十，廖名春、陈明整理，吕绍纲审定，北京：北京大学出版社，2000 年，第 310、312 页。
⑥ 孔安国传，孔颖达疏《尚书正义》卷第十六，廖名春、陈明整理，吕绍纲审定，北京：北京大学出版社，2000 年，第 513 页。
⑦ 顾颉刚：《纣恶七十事的发生次第》，顾颉刚编著《古史辨》第 2 册，上海：上海古籍出版社，1982 年，第 84 页。

人警惕酗酒的问题，很可能与上文提到的商末大饥荒有关。《酒诰》的训词或可作为旁证："文王诰教小子有正有事，无彝酒。越庶国，饮惟祀，德将无醉。惟曰我民迪小子，惟土物爱，厥心臧。聪听祖考之彝训，越小大德，小子惟一。"① 我们看到，周文王的训诫便是把"无醉"（警惕醉酒）和"惟土物爱"（珍惜粮食）联系在一起的。

将上述观点串联起来，似乎存在着这样一条线索：商朝末年，气候突然转冷，干旱长时间得不到缓解，以致粮食歉收；但殷人并没有因此改变酗酒的习惯，甚至有变本加厉之势，这使得本就十分严重的饥荒变得更加糟糕；殷人很可能将负担转嫁给其他族群，比如东夷，从而导致了同样面临饥荒的其他族群的激烈反抗；这最终导致了殷商的灭亡。笔者之所以拎出这样一条线索，是想说明，我们如果不把《尚书》中的记载仅仅视作道德领域的批判，那么或许能够从蛛丝马迹中获取更多有价值的信息。

让我们回过头来看《牧誓》究竟是怎样讲的。《牧誓》是周武王在牧野之战前的誓师词，周武王历数了商纣王的四大罪状：一是对妇人言听计从；二是荒于祭祀；三是弃近亲不用；四是接纳"四方"逃犯而委以重任，并放任他们在商邑胡作非为。女性在政治中是否可以拥有话语权，商周两族或许存在差异，但我们还可以换一种角度来理解，即周武王认为另外三项罪行都是因妇人而起的（商纣王受了妇人的挑唆）。不用王室近亲而用四方逃犯是从正反两方面讲同一件事，所谓的四方逃犯很可能是前往殷都寻求"政治避难"的其他方国（部族）的重要人物，这虽然足以成为其他方国（部族）发动战争的借口，却很难说是商朝亡国的最重要的原因。

---

① 孔安国传，孔颖达疏《尚书正义》卷第十四，廖名春、陈明整理，吕绍纲审定，北京：北京大学出版社，2000年，第443页。

接下来的焦点落在荒于祭祀（"昏弃厥肆祀弗荅"）上。《尚书》中与此相关的材料还有以下这些（不包括"伪古文尚书"的相关记载）：

《西伯戡黎》："王曰：'呜呼！我生不有命在天？'"①

《微子》："今殷民乃攘窃神祇之牺牷牲用，以容将食，无灾。"②

《酒诰》："在今后嗣王酗，身厥命，罔显于民祇，保越怨不易。诞惟厥纵淫泆于非彝，用燕丧威仪，民罔不衋伤心。……弗惟德馨香祀登闻于天，诞惟民怨。庶群自酒，腥闻在上，故天降丧于殷，罔爱于殷，惟逸。"③

《多士》："自成汤至于帝乙，罔不明德恤祀。亦惟天丕建保乂有殷，殷王亦罔敢失帝，罔不配天其泽。在今后嗣王，诞罔显于天，矧曰其有听念于先王勤家？诞淫厥泆，罔顾于天显民祇。"④

商纣自称"我生不有命在天"看似仰赖天，其实语气十分轻佻。虽然《西伯戡黎》可能被周人篡改过（甚至是周人"伪造"的），但综合商代晚期的卜辞和青铜器的情况来看，商纣讲出类似的话也不是毫无可能。当时明显的变化是，原本用于事神的，开始用来娱人，即

---

① 孔安国传，孔颖达疏《尚书正义》卷第十，廖名春、陈明整理，吕绍纲审定，北京：北京大学出版社，2000年，第309页。

② 孔安国传，孔颖达疏《尚书正义》卷第十，廖名春、陈明整理，吕绍纲审定，北京：北京大学出版社，2000年，第313页。

③ 孔安国传，孔颖达疏《尚书正义》卷第十四，廖名春、陈明整理，吕绍纲审定，北京：北京大学出版社，2000年，第448页。

④ 孔安国传，孔颖达疏《尚书正义》卷第十六，廖名春、陈明整理，吕绍纲审定，北京：北京大学出版社，2000年，第500、501页。

所谓"纵淫泆于非彝，用燕丧威仪"，借用许倬云的话说，"在在可见重人事的态度取代了由于对鬼神的畏惧而起的崇拜"①。

董作宾将殷代礼制分为新旧两派，以武丁、祖庚上世和文武丁为旧派，以祖甲至武乙、帝乙、帝辛为新派。② 旧派祭祀的对象十分庞杂，占卜的问题也无所不包；新派祭祀的对象限于先王先妣，占卜趋于程式化。伊藤道治认为，新派的作风缩小了殷商的包容性，商王室不肯容纳异族的神祇，导致被统治的诸族群离心离德。③ 虽然许倬云等学者对伊藤道治的观点给予了肯定并且加以发挥，但这一观点其实是有商榷空间的。理由很简单，新派的行为并不是专门针对异族的，周初统治者也只是指责纣王荒废了祭祀，完全没有提到殷商的"排他性"。新派相对于旧派的变化，实际上反映了作为一个整体的神在殷人观念中的日趋没落。

商代晚期，殷商统治者有些"自作聪明"地放弃了部分宗教话语权，这相当于主动放下威慑各族群的最重要的意识形态"武器"。从这个角度看，与其说天弃商纣，不如说商纣弃天，后者才更能体现殷商末期的时代特色。

(二) 周人重建失落了的信仰

在甲骨卜辞中，"天"字没有用作表示神的，与此同时，"帝"（以及"上帝"）表示殷商最高神是没有疑义的。我们不禁要问：殷人说的帝和周人说的天是不是同一回事？如果不是同一回事，那么两者之间是否存在联系？这些问题不容易回答，以下介绍几种具有代表

---

① 许倬云：《西周史：增补二版》（增订本），北京：生活·读书·新知三联书店，2012 年，第 124 页。

② 董作宾：《殷历谱》，《董作宾先生全集·乙编》第 1 册，台北：艺文印书馆，1977 年，第 6 页。

③ 参见许倬云《西周史：增补二版》（增订本），北京：生活·读书·新知三联书店，2012 年，第 124 页。

性的观点。①

傅斯年认为"初民的天，总是带个部落性的"。就像耶和华在《旧约》中是犹太部落的宗神，后来演进为《约翰福音》中的上帝一样，殷商的上帝起初必是宗族性的，但渐渐转变成了具有普世意义的神。是什么时候转变的呢？在傅斯年看来，殷商的宗教几乎完全是祖先教（除却若干自然现象崇拜），"在这祖先教的全神堂里，总该有一个加于一切之上的"。这个加于一切之上的神——和郭沫若等学者一样，傅斯年认为此神乃帝喾——就多少带了些超越宗族神的意味。而周人对殷商宗教的"吸收"（接受）和"消化"（立异），使得殷商的至上神真正成为"普遍之上帝"。他同时指出，卜辞中的"天"字不表示神，不能说明殷人没有天的观念，天于殷人是"一切上神先王之综合名"。②

郭沫若认为，"在殷墟时代的殷民族中至上神的观念是已经有了的"，但既然卜辞称至上神为帝、为上帝而决不称为天，那么称至上神为天一定是后起的（至少在武丁以后）。他说："我们可以拿这来做一个标准，凡是殷代的旧有的典籍如果有对至上神称天的地方，都是不能信任的东西。"话虽如此，郭沫若仍相信天的观念并非周人首创，"周人的祖先是没有什么文化的"，"关于天的思想周人也是因袭了殷

---

① 除文中所述外，关于这一问题的早期讨论还可以参见胡适《论帝天及九鼎书》，顾颉刚编著《古史辨》第1册，上海：上海古籍出版社，1982年，第199、200页；刘复《"帝"与"天"》，顾颉刚编著《古史辨》第2册，上海：上海古籍出版社，1982年，第20—26页；魏建功《读〈帝与天〉》，顾颉刚编著《古史辨》第2册，上海：上海古籍出版社，1982年，第27—31页。

② 参见傅斯年《性命古训辨证》，《傅斯年全集》第2册，台北：联经出版事业公司，1980年，第609、610页；傅斯年《〈新获卜辞写本〉跋》，《傅斯年全集》第3册，台北：联经出版事业公司，1980年，第991—1002页。

人的"①。他似乎认为，殷商之上帝和周人之天具有相似（甚至完全相同）的内涵，即都表示至上神、都具有普世意义，周人不过是改换了名称而已。②

徐复观的观点与傅、郭二位先生的各有异同。傅斯年把卜辞中的帝看作殷商的宗族神，徐复观则引陈梦家的研究成果③，说明"殷代之帝，系超祖宗神的普遍存在"。在此问题上，徐复观和郭沫若的意见比较相似。至于殷人是否使用"天"字表示神，徐复观是这样说的："今日《尚书》中之《商书》，不仅不是战国时晋人之作或宋人之拟作，且其文字虽经多次之传抄转述，当传抄转述之际，常有以今译古之情形；但其原始材料，皆出于当时典册散乱之遗，为研究历史者的重要立足点。"又说："《商书》中之思想观念，较《周书》为贫弱，故其成立，自在《周书》之前。不能因现有甲骨文中无本义之'天'字，遂否定《商书》之真实性；而《商书》中固屡用'天'字及'天命'一词。"④ 在这个问题上，徐复观和傅斯年的意见更加接近。但傅斯年认为"天"于殷人是诸神的总称，而徐复观则认为"天"于殷人和周人同样指至上神而言。

许倬云提出的假说别树一帜。他既承认殷人的最高神上帝由其祖神之一演变而来（和傅斯年同），又认为周人的最高神是"兼具自然及神明两义的天"。换言之，殷、周宗教属平行的不同系统的文化。许倬云推测这种差异是由地理位置决定的：周人长期在黄土高原的西

---

① 郭沫若：《青铜时代》，郭沫若著作编辑出版委员会编《郭沫若全集·历史编》第 1 卷，北京：人民出版社，1982 年，第 319—329 页。

② 郭沫若的确切意思，笔者还需进一步查证和推敲。

③ 陈梦家说："上帝所管到的事项是（一）年成，（二）战争，（三）作邑，（四）王之行动。""这中间虽然也有先王管事的，但在卜辞中，这一类的事，上帝管的多，先王管的少；而且在卜辞中可以将二者分别得清清楚楚的。""卜辞尚无以上帝为其高祖的信念。"

④ 徐复观：《中国人性论史·先秦篇》，北京：九州出版社，2013 年，第 15—19 页。

半边活动，这一地带山高树稀，"完整而灿烂的天空，当能予人以被压服的感觉"，所以天充当了最高神的角色；而殷商王畿的所在地，当时可能有森林和沼泽，"这种地形上的居民，其眼中所见的天空，比较支离破碎"，人们感受不到天空那种"慑服人心的力量"。许倬云举了两条佐证：一是迄于秦汉之时，有关天的祭祀几乎都在雍州境内；二是根据《史记》记载，帝武乙和宋君偃都有射天的行为。他认为天属于周人固有的信仰。①

以上这些意见，有的很难彻底地证实或证伪，但我们仍然可以从非常有限的材料里，推测出一个大概来。

先说殷人是否用"天"字表示神。徐复观既不否认《商书》在传抄转述之际常常有以今译古的情形，却又以今之《商书》屡用"天"字和"天命"说明殷人有以天为至上神的观念，这分明是自相矛盾的，没有什么说服力。事实上，仅就卜辞反映的情况来看，殷人不用"天"指称最高神并无太大疑问；至于殷人会不会像傅斯年说的那样以"天"泛指一切神祇，由于目前无确切的文献可征，不妨存而不论。

再说帝和天的关系。按照许倬云的意见，"帝与天两个观念的转移，并非完全是意念的演变，其中仍有族群对峙与竞争的可能"②。但是比较殷墟甲骨卜辞和周原甲骨文，再比较商王"宾于帝"③ 和"文王陟降，在帝左右"（《诗经·文王》），我们实在很难认为周人的宗教和殷人的宗教是两种并行的文化，也实在很难认为周人曾经有意识

① 许倬云：《西周史：增补二版》（增订本），北京：生活·读书·新知三联书店，2012年，第120—123页。

② 许倬云：《西周史：增补二版》（增订本），北京：生活·读书·新知三联书店，2012年，第122页。

③ 参见胡厚宣《中国奴隶社会最高统治者的称号问题》，尹达等主编《纪念顾颉刚学术论文集》上册，成都：巴蜀书社，1990年，第138—143页。

地将天和帝对立起来。那么，许倬云列举的证据是怎么回事呢？一方面，《史记》所记之事的某些细节很可能是经过后人改造的。《史记·殷本纪》："帝武乙无道，为偶人，谓之天神。与之博，令人为行。天神不胜，乃僇辱之。"①但周初只称"天"而没有称"天神"的。另一方面，殷周关系在帝武乙的时代似乎非常融洽。《竹书纪年》："（武乙）命周公亶父，赐以岐邑。""周公季历来朝，王赐地三十里，玉十瑴，马十匹。"②但许倬云的意见也有可取之处，他实事求是地强调了周人和"天"的关系尤其紧密。将确凿无疑的证据和各位前辈的意见综合起来，比较合理的解释是：对天的敬畏是周民族固有的特点，周民族接受商文化的影响后，殷商文化的帝之观念汇入了周人旧有的天之观念，新的天之观念由此产生。考虑到周在文化上本是很落后的民族，我们可以将此新的"天"看作帝之观念的周族本土化。

周人或许在武丁时期就已经进入了商人的文化圈与势力圈。③但真正地深度接受、主动学习殷商文化，则主要在太王、王季、文王的时代。④换言之，周继承的主要是商代末期的文化。在这段时期里，神在殷商官方意识形态中的地位越来越低，商王室采取的策略，大概是用自己已经不那么在乎的宗教权力去拉拢周（实则可以看作一种政治欺骗），⑤而周人在接过殷人馈赠（若说抛弃亦不为过）的"武器"之后又把"枪口"对准了殷商。

---

① 司马迁撰，裴骃集解，司马贞索隐，张守节正义《史记》卷第三，北京：中华书局，2014年，第134页。
② 皇甫谧等：《帝王世纪 世本 逸周书 古本竹书纪年》，陆吉等点校，济南：齐鲁书社，2010年，第73、74页。注：此为四种书的合订本，各书单独编页。
③ 参见许倬云《西周史：增补二版》（增订本），北京：生活·读书·新知三联书店，2012年，第62页。
④ 傅斯年："太王、王季、文王必是一个极端接受殷商文化的时代。"参见傅斯年《〈新获卜辞写本〉跋》，《傅斯年全集》第3册，台北：联经出版事业公司，1980年，第989页。
⑤ 周武王的生母、嫡母、祖母都是殷人。相关内容可以参见顾颉刚《〈周易〉卦爻辞中的故事》，顾颉刚编著《古史辨》第3册，上海：上海古籍出版社，1982年，第11—14页。

正因为周继承的是殷商末期的文化，所以周人的宗教观亦有所谓殷商新派的作风。比如，王国维在《殷周制度论》里说："礼有尊之统，有亲之统。以尊之统言之，祖愈远则愈尊，则如殷人之制遍祀先公、先王可也。庙之有制也，出于亲之统。……亲，上不过高祖，下不过玄孙。故宗法、服术皆以五为节。"① 虽然王国维也说周代尊统和亲统并存，但正如《礼记·表记》所言，"周人尊礼尚施，事鬼敬神而远之，近人而忠焉，其赏罚用爵列，亲而不尊"②，亲统毕竟还是压倒了尊统，而这不正是殷商新派的特点吗？

如果我们坚信这一观点有其合理之处，就会发现，周人从商人那里"接手"的神只剩下一副皮囊而已，商人的神已经"死"了。周人若想要使神"复活"并且存续下去，势必要为神再造血肉。周人在表面上的确做到了，此新的血肉便是道德！"以德配天"观念的提出将至上神从原本的暴力神转变为道德神，而其实质便是用道德去弥补神的失位。说得更直白些，周初的天其实是具有超越意义的道德本身。唯有在此基础上，我们才能够理解周人一边敬天、一边"远鬼神"的看似相悖的现象。徐复观说："周初所强调的敬的观念，与宗教的虔敬，近似而实不同。宗教的虔敬，是人把自己的主体性消解掉，将自己投掷于神的面前而彻底皈归于神的心理状态。周初所强调的敬，是人的精神，由散漫而集中，并消解自己的官能欲望于自己所负的责任之前，凸显出自己主体的积极性与理性作用。"③ 周人敬天又敬德，徐复观的这段话很好地揭示了周初"宗教"的本质。

---

① 王国维：《观堂集林·殷周制度论》，谢维扬、房鑫亮主编《王国维全集》第8卷，杭州：浙江教育出版社，2009年，第314页。

② 郑玄注，孔颖达疏《礼记正义》卷第五十四，龚抗云整理，王文锦审定，北京：北京大学出版社，2000年，第1734页。

③ 徐复观：《中国人性论史·先秦篇》，北京：九州出版社，2013年，第22页。

第四章
"尽善尽美"考释

谈先秦的美学思想，一定会谈到孔子的美学思想。而谈孔子的美学思想，则一定会谈到《论语》"子谓《韶》"章。

关于《论语》中这一章具体的意思及其美学史意义，美学界并没有太多异议。李泽厚、刘纲纪的意见很有代表性。他们说："旧注认为孔子之所以对《韶》乐和《武》乐作出两种不同的评价，是因为《韶》乐表现了尧、舜以圣德受禅，故尽善；《武》乐则表现了武王以征伐取天下，故未尽善。……这种解释大致是合理的。……孔子认为未'尽善'的东西，也可以是'尽美'的，明确地说明孔子看到了美具有区别于善的特征，它同善并不是一回事。从善的观点看来并不是完满的东西，从美的观点看来却可以是完满的……进一步，孔子又提出了'尽美矣，又尽善也'作为他所追求的最崇高的理想。在这个理想中，美也并不是单纯地服从于善，仅仅是善的附庸，并不是'尽善'即等于'尽美'，或只要'尽善'，美是否达到了理想的程度无关紧要。相反，美与善两者都要尽可能达到理想的程度。……通观孔子对于美的看法，是以善为内容而又有其独立性的。"①

但事实上，过去对这一章的解读颇有些习焉不察的地方。这主要体现在三个方面：第一，在进一步论证之前，我们只能够说该章中的"美"和"善"有着不同的意思，而不能径直将其与后世所谓"美善真"之"美""善"一一对应起来；第二，在先秦文献中，我们找不到孔子以及孟、荀对周武王有所微词的其他旁证，更何况《武》乐是周公创编的，我们都非常清楚孔子对周公是一种什么样的态度和情感；第三，以为孔子的美学认识是"美善二分"，孔子的美学理想是"既美且善"，这样的观点同样是很值得商榷的。

本章首先介绍古代的主流解释，再详细分析主流旧释的内在矛盾，然后使用训诂学的方法推断此章中"善"的准确意思，并以此为突破口重新探讨孔子称《武》"未尽善"的具体语境及原因。

第一节 《论语》"子谓《韶》"章旧释

据《论语·八佾》记载：

> 子谓《韶》："尽美矣，又尽善也。"
> 谓《武》："尽美矣，未尽善也。"②

何晏《论语集解》引西汉孔安国语："《韶》，舜乐也。谓以圣德

----

① 李泽厚、刘纲纪：《中国美学史：先秦两汉编》，合肥：安徽文艺出版社，1999年，第130—132页。可同时参见叶朗《中国美学史大纲》，上海：上海人民出版社，1985年，第45、46页；陈望衡《中国美学史》，北京：人民出版社，2005年，第11、52页。

② 何晏注，邢昺疏《论语注疏》卷第三，朱汉民整理，张岂之审定，北京：北京大学出版社，2000年，第49页。

受禅，故尽善。""《武》，武王乐也。以征伐取天下，故未尽善。"①
孔安国不释《韶》《武》"尽美"，只释何以《韶》"尽善"而《武》
"未尽善"，已说明此章的重点在"善"而不在"美"。他着眼于"取
天下"的方式，将"善"和受禅、征伐相联系，认为这里的"善"应
该属于伦理的范畴。值得注意的是，何晏的《论语集解》是《论语》
最早的集注本，后世的发挥多以孔说为基础。

南朝皇侃为《论语集解》作疏证："美者，堪合当时之称也；善
者，理事不恶之名也。""天下万物乐舜继尧，而舜从民受禅，是会合
当时之心，故曰'尽美也'；揖让而代，于事理无恶，故曰'尽善
也'。""天下乐武王从民而伐纣，是会合当时之心，故'尽美'也。
而以臣伐君，于事理不善，故云'未尽善'也。"② 皇侃补充了对
"美"字的解读。事实上，他将"美"和"善"看作伦理的两个方面。

北宋的邢昺也对《论语集解》作了疏证。他认为《韶》"尽美矣，
又尽善也"是因为"《韶》乐其声及舞极尽其美，揖让受禅，其圣德
又尽善也"；《武》"尽美矣，未尽善也"则是因为"《武》乐音曲及
舞容则尽极美矣，然以征伐取天下，不若揖让而得，故其德未尽善
也"。他特地指出："以臣代君，虽曰应天顺人，不若揖让而受，故未
尽善也。"③ 与皇侃不同，邢昺的解释使该章中的"美"从伦理范畴中
独立出来，同时又将"应天顺人"（即皇侃所云"会合当时之心"
者）纳入"善"的内涵中。

到了南宋，朱熹作《论语集注》。他一方面吸收了邢昺的观点，

---

① 何晏集解《论语集解》卷第二，《四部丛刊》影印日本正平本。
② 何晏集解，皇侃义疏《论语集解义疏》卷第二，文渊阁《四库全书》第195册，台北：
台湾商务印书馆，1984年，第367页下栏—368页上栏。
③ 何晏注，邢昺疏《论语注疏》卷第三，朱汉民整理，张岂之审定，北京：北京大学出版
社，2000年，第50页。

承认"美者，声容之盛；善者，美之实也"；另一方面吸收了皇侃的观点，认为"舜绍尧致治，武王伐纣救民，其功一也，故其乐皆尽美"。至于《韶》《武》的区别，则是"舜之德，性之也；又以揖逊而有天下。武王之德，反之也；又以征诛而得天下"①。《孟子·尽心下》有言："尧、舜，性者也；汤、武，反之也。动容周旋中礼者，盛德之至也。哭死而哀，非为生者也。经德不回，非以干禄也。言语必信，非以正行也。君子行法，以俟命而已矣。"② 朱熹以《孟子》解此章，但并不反对"揖让、征伐"之说。

现代学者基本上全盘接受了古代的主流观点。比如，钱穆认为："'尽美'指其声容之表于外者，如乐之音调、舞之阵容之类。'尽善'指其声容之蕴于内者，乃指乐舞中所涵蕴之意义言。……舜以文德受尧之禅，武王以兵力革商之命。故孔子谓舜乐尽美又尽善，武乐虽尽美，未尽善。盖以兵力得天下，终非理想之最善者。"③ 从行文看，钱先生的解释应该是从邢疏中得来的。又如，徐复观认为："既是尽美，便不会有如郑声之淫；因而在这种尽美中，当然会蕴有某种善的意味在里面；若许我作推测，可能是蕴有天地之义气的意味在里面。但这

---

① 朱熹：《四书章句集注》论语集注卷第二，北京：中华书局，2012 年，第 68 页。朱熹对弟子说："以《书》观之，汤毕竟反之工夫极细密，但以仲氏称汤处观之，如'以礼制心，以义制事'等语，又自谓'有惭德'，觉见不是，往往自此益去加功。如武王大故疏，其数纣之罪，辞气暴厉。如汤，便都不如此。"弟子问尧舜处汤武之时是否会放桀伐纣，朱熹答道："圣德益盛，使之自服耳。然到得不服，若征伐也免不得，亦如征有苗等事，又如黄帝大段用兵。但古人用兵，与后世不同。古人只趦将退，便是赢，那曾做后世样杀人，或十五万，或四十万，某从来不信。"弟子问文王是否会伐纣，朱熹答道："似文王也自不肯恁地做了。纵使文王做时，也须做得较详缓。武王做得大故粗暴。当时纣既投火了，武王又却亲自去斫他头来枭起。若文王，恐不肯恁地。"参见黎靖德编《朱子类》卷第二十五、卷第三十五，王星贤点校，北京：中华书局，1994 年，第 637、634、907 页。
② 赵岐注，孙奭疏《孟子注疏》卷第十四下，廖名春、刘佑平整理，钱逊审定，北京：北京大学出版社，2000 年，第 472 页。
③ 钱穆：《论语新解》，北京：生活·读书·新知三联书店，2012 年，第 74、75 页。

不是孔子的所谓'尽善'。孔子的所谓'尽善',只能指仁的精神而言。"① 徐先生讲的"义"实际上就是朱熹讲的"伐纣救民",只不过改换了说法而已。杨伯峻、孙钦善、黄克剑等许多学者的解释大抵都是如此。②

由此可知,古今学者对《论语》此章的主流解释是比较一致的:周武王征伐违仁,以臣代君背礼,所以孔子说《武》乐"未尽善"。其中,"善"指伦理意义上的德,"未尽善"就是于德有缺。

第二节　旧释的矛盾

关于《论语》"子谓《韶》"章的主流解释是否无懈可击呢?其实不然。李泽厚早就指出:

> 这是难讲的一章。"美"与"善"究竟是什么关系,不清楚。"美"而不够"善",是否指音乐"多杀伐之声"而不够优美悦耳?或是指艺术还缺乏对道德修养有更明确、直接的促进作用?但如果真要求如此,则常常是"善"而不"美",从而也就没法通由审美而"储善"了。后世许多"助人伦、美教化"的文艺作品,包括理学家们的诗文,宣扬道德,暗寓天人,却大都是失败之作。善则善矣,未必美也。③

---

① 徐复观:《中国艺术精神》,北京:商务印书馆,2010年,第25、26页。
② 参见杨伯峻译注《论语译注》,北京:中华书局,2009年,第33页;孙钦善《论语新注》,北京:中华书局,2018年,第61页;黄克剑《论语疏解》,北京:中国人民大学出版社,2010年,第56、57页。
③ 李泽厚:《论语今读》,北京:生活·读书·新知三联书店,2008年,第115页。

李泽厚的怀疑虽然有以今度古、脱离原始语境之嫌，但的确点出了此章的复杂性。

先说以臣代君。王国维说："自殷以前，天子、诸侯君臣之分未定也。故当夏后之世，而殷之王亥、王恒，累叶称'王'；汤未放桀之时，亦已称'王'；当商之末，而周之文、武亦称'王'。盖诸侯之于天子，犹后世诸侯之于盟主，未有君臣之分也。"[①] 也就是说，从历史事实出发，用后世的君臣关系来比拟商、周关系是不恰当的，周取代商成为天下共主并不能被看作以臣代君。又因为武王伐纣在先，周公制礼在后，孔子不会以尚不存在的周礼来要求武王，正如孔子不会以周礼的标准来评论尧舜。如果说伐纣背礼，那么这个礼也只可能是殷礼。孔子说："殷礼，吾能言之，宋不足征也。"[②] 又说："殷因于夏礼，所损益，可知也。周因于殷礼，所损益，可知也。"[③] 可见，孔子是懂殷礼的。孔子对殷礼是什么态度呢？他说："周监于二代，郁郁乎文哉！吾从周。"[④] 所谓"吾从周"，也就是认为夏商两代的礼还不够好，孔子当然也不会用不够好的殷礼来苛责武王。故而从观念的层面来说，周取代商也不能成为"未尽善"的理由。

再说征伐。假使武王不伐纣，那么就谈不上"会合当时"；而武王伐纣，则又"事理不善"：不伐不义，伐则不仁，伐与不伐，皆难

---

① 王国维：《观堂集林·殷周制度论》，谢维扬、房鑫亮主编《王国维全集》第8卷，杭州：浙江教育出版社，2009年，第311、312页。类似的观点有很多，比如唐晓峰指出："敌方归属无疑是早期国家领土扩张的途径，但这种扩张出来的新土地，缺乏与本土社会的内在联系性，仍保留明显的独立本质。"参见唐晓峰《商代外服与"地方"权力》，《江汉论坛》2006年第1期，第79—81页。

② 何晏注，邢昺疏《论语注疏》卷第三，朱汉民整理，张岂之审定，北京：北京大学出版社，2000年，第36页。

③ 何晏注，邢昺疏《论语注疏》卷第二，朱汉民整理，张岂之审定，北京：北京大学出版社，2000年，第25、26页。

④ 何晏注，邢昺疏《论语注疏》卷第三，朱汉民整理，张岂之审定，北京：北京大学出版社，2000年，第39页。

尽善。皇侃或是发现了其内在的矛盾，才将"会合当时"强归于
"美"的名下。而朱熹在沿袭旧说的同时，又引程颐的话为武王开脱：
"尧舜汤武，其揆一也。征伐非其所欲，所遇之时然尔。"① 又据《朱
子语类》记载，朱熹曾对弟子说："若论其时，则当时聚一团恶人为
天下害，不能消散，武王只得去伐。若使文王待得到武王时，他那旧
习又不消散，文王也只得伐。舜到这里，也著伐。"② 这也就是说，武
王之"未尽善"，天也，时也，非人之过。③ 换言之，德之有缺与否，
关键在天不在人。孔子会这样认为吗？当然不会。孔子说："仁远乎

---

① 朱熹：《四书章句集注》论语集注卷第二，北京：中华书局，2012年，第68页。
② 黎靖德编《朱子语类》卷第二十五，王星贤点校，北京：中华书局，1994年，第634页。
③ 为武王辩护者，以陈傅良《子谓〈武〉"未尽善"》一文最为典型。其文曰："武王之
《武》所以为未尽善，而吾夫子所以深察其心也。……兹武王之《武》也，所以见武王
之心，而亦足以悲武王之不遇也，固矣。文王之宜王也，文王宜王而不王者也。然文王
能逃诸其身而不能逃诸其子，能不兴周而不能保商之不亡，能止《汝坟》之怨而不能遏
孟津之集，则夫武王之事诚有所大不得已者。天下之美名，岂惟大人乐得之，圣人亦乐
得之，武王亦何为安于居天下之谤，而使夫后之人得借以自便其无忌惮之为者？武王而
安于居天下之谤，则必其身后之名有所不忍计而后为之而非其所欲。盖使吾身获廉退之
名而斯民被不可一朝居之祸，则是一人病天下也。武王宁以天下之故病一人，无宁以一
人之故病天下，则牧野之师岂必待伯夷非之而后知，虽武王固自非之而不得不为也。吁！
武王之势极矣。象成之乐无亦为周之王天下而作者邪？以周之王天下而至于作象成之乐，
而武王之志尤怛然甚矣。于此乎有不足之意焉，固非武王之耻亦非武王之谦也，武王之
心犹汤之心也。汤之惭见于言，而武王之未尽善见于乐。圣人岂固以声色欺人者，盖其
胸中之藏与天下并，固不肯以其心之知而忌夫人之知也。后世或有察焉，盖将缘是而得
吾之微，而吾亦庶乎其有辞于天下。后世而不吾察，则将丛谤于吾身，吾无憾焉尔。呜
呼，世之察不察不足道，而武王之心则见矣。……然则武王之乐其未尽善也固武王之不
幸，而周衰焉有夫子焉知之乃武王之幸也。"陈傅良认为：武王本就知道伐纣会遭受非
议，但他为了救民于水火，宁愿牺牲自己的名声；伐纣成功后，武王并没有矫饰伐纣的
"不善"，而是将它原原本本地保留在《武》乐中，以此表露自己的初心和愧意。因此，
孔子称《武》"未尽善"，不仅不是对武王和《武》乐有微词，反而是在肯定武王之"无
隐"。陈傅良此文被时人当作应举的优秀范文，其观点过于出奇出新或与此有关。参见陈
傅良《子谓〈武〉"未尽善"》，魏天应，林子长注《论学绳尺》己集，明成化五年游
明刻本。或许受到陈傅良的影响，小其三十余岁的钱时也说："《武》未尽善。武王之心
有不得已焉，夫子非不满于武王也。《韶》居圣人之盛，《武》处圣人之变。夫子明圣人
之心，严万世之大法也。"参见钱时《融堂四书管见》卷第二论语，明钞本。

哉？我欲仁，斯仁至矣。"① 又说："若圣与仁，则吾岂敢？抑为之不厌，诲人不倦，则可谓云尔已矣。"② 正因为"我欲仁，斯仁至矣"，孔子才"为之不厌"以"达己"，"诲人不倦"以"达人"③。的确，孔子也说过"天生德于予，桓魋其如予何"④，但若果真以为德之有无取决于天，则孔子的一切思想都将无从谈起。正如杨伯峻所言："如果孔子是天命论者，那一切早已由天安排妥当，什么都不必干，听其自然就可以了，孔子又何必栖栖遑遑'知其不可而为之'呢？"⑤

有必要对"天生德于予"再细说一番。虽然尧、舜在传说中皆以德受命，但在夏、商两代的一般观念里，天命与德并无必然联系，商纣自称"我生不有命在天"⑥ 即一例证。建周之后，新政权需要解释天命转移的原因以证明自身的合法性，⑦ 于是便提出了"以德配天"的观念。所谓"以德配天"，就是只有有德者方可接受天命，这里已经包含了德非天授的意思。显而易见，周初与天相关联的主要是天子的德，因为是天子的德，所以德也就是指德治，这就是召公所说的

① 何晏注，邢昺疏《论语注疏》卷第七，朱汉民整理，张岂之审定，北京：北京大学出版社，2000年，第106页。
② 何晏注，邢昺疏《论语注疏》卷第七，朱汉民整理，张岂之审定，北京：北京大学出版社，2000年，第108页。
③ 子贡曰："如有博施于民而能济众，何如？可谓仁乎？"子曰："何事于仁！必也圣乎！尧舜其犹病诸！夫仁者，己欲立而立人，己欲达而达人。能近取譬，可谓仁之方也已。"参见何晏注，邢昺疏《论语注疏》卷第六，朱汉民整理，张岂之审定，北京：北京大学出版社，2000年，第91页。
④ 何晏注，邢昺疏《论语注疏》卷第七，朱汉民整理，张岂之审定，北京：北京大学出版社，2000年，第103页。
⑤ 杨伯峻：《试论孔子》，杨伯峻译注《论语译注》，北京：中华书局，2009年，第12页。
⑥ 孔安国传，孔颖达疏《尚书正义》卷第十，廖名春、陈明整理，吕绍纲审定，北京：北京大学出版社，2000年，第309页。
⑦ 许多学者讨论过这个问题。比如，张光直说："周是从同一个而且是唯一的上帝的手中把商人的天下夺过来的；假如天命不可变，则周人取代商人就少了些根据。何以天命现在授与周人？因为，第一，'天命靡常'；第二，上帝仅授其天命予有德者。'德'，也是西周时代在王权观念上新兴的一样东西。"参见张光直《中国青铜时代》，北京：生活·读书·新知三联书店，2013年，第429页。

"其惟王位在德元，小民乃惟刑用于天下"①。春秋时期，孔子主张尊崇王室，恢复旧秩序，这相当于肯定了周天子之德足以配天。那么天命为何会有动摇的迹象呢？孔子认为是诸侯失德的缘故。这就使"以德配天"的解释对象从天子下移到了诸侯，而又因为人人都处于礼崩乐坏的大环境当中，于是又继续下移到了士人身上。② 士人的德当然不是德治而是德性，但旧有的旨意并没有发生改变。孔子的伟大在于，他没有止步于修德以求天佑，而是进一步把"以德配天"本身看作士人所应承受的天命，从而生发出一种无比崇高的使命感。所以，对"天生德于予"应该从两个层面来看：第一，我有德（天必佑我）；第二，天赋予我有德的使命（天必佑我）。无论在哪一个层面，德的主宰都是人本身。

事实上，孔子对伐纣不置一词，孟子和荀子则以不同的方式为周武辩解。孟子说："尽信《书》，则不如无《书》。吾于《武成》，取二三策而已矣。仁人无敌于天下，以至仁伐至不仁，而何其血之流杵也？"③ 他以意逆志，直接否定了"血流漂杵"④ 的存在。荀子说："（武王）选马而进，朝食于戚，暮宿于百泉，厌旦于牧之野，鼓之而

① 孔安国传，孔颖达疏《尚书正义》卷第十五，廖名春、陈明整理，吕绍纲审定，北京：北京大学出版社，2000年，第472页。

② 张灏指出："大约而言，周初出现的道德意识是属于所谓公共道德，是环绕群体意识与政治秩序而发展的。但晚周的道德观念则由'公共道德'扩展到个人的生命与人格发展的层面，并以此为基础对个人与群体生命作了反思，由此深化而产生了以'仁'为代表的全德观念。"参见张灏《幽暗意识与时代探索》，广州：广东人民出版社，2016年，第76、77页。

③ 赵岐注，孙奭疏《孟子注疏》卷第十四上，廖名春、刘佑平整理，钱逊审定，北京：北京大学出版社，2000年，第449页。宋人邵博评论孟子此语："孔子谓'《武》，尽美矣，未尽善也。'彼顺天应人，犹觍颜如此。孟子固求之，其心安在乎？"《邵氏闻见后录》多非孟子之言，其以为孟子此语与孔子背道而驰，实误解"子谓《韶》"章之故。参见邵博《邵氏闻见后录》，刘德权、李剑雄点校，北京：中华书局，1983年，第93页。

④ 《尚书·武成》："甲子昧爽，受率其旅若林，会于牧野。罔有敌于我师，前徒倒戈，攻于后以北，血流漂杵。"参见孔安国传，孔颖达疏《尚书正义》卷第十一，廖名春、陈明整理，吕绍纲审定，北京：北京大学出版社，2000年，第347页。

纣卒易乡，遂乘殷人而诛纣。盖杀者非周人，因殷人也。故无首虏之获，无蹈难之赏。"① 他强调"杀者非周人"，意图同样十分明显。孔安国等人之所以会把孔子与孟、荀极力回避之事拉扯到台面上，正是因为不曾注意到先秦儒家只有义利之辨而从不论仁义两难。

旧说的问题，基本上讲清楚了。至于"善"是如何被释为德的，"善"在原本的语境中又究竟该作何解，下节将一一作答。

第三节　"善"字在《论语》中的释义

"子谓《韶》"章之外，《论语》另有三十四章讲到"善"。根据用法不同，大致可分为四类。②

第一，作动词，表示事实判断，相当于今之"善于""擅长"，例如：

> 颜渊喟然叹曰："仰之弥高，钻之弥坚。瞻之在前，忽焉在后。夫子循循然<u>善</u>诱人，博我以文，约我以礼，欲罢不能。既竭吾才，如有所立卓尔。虽欲从之，末由也已。"（《论语·子罕》）

> 南宫适问于孔子曰："羿<u>善</u>射，奡荡舟，俱不得其死然。禹稷躬稼而有天下。"夫子不答。南宫适出，子曰："君子哉若人！尚德哉若人！"（《论语·宪问》）

> 孔子曰："益者三友，损者三友。友直，友谅，友多闻，益

---

① 王先谦：《荀子集解》卷第四，沈啸寰、王星贤点校，北京：中华书局，2013 年，第 160、161 页。

② 杨伯峻将《论语》中的"善"字分为以下六类：（1）形容词，好；（2）名词，好人，好处，好事情；（3）动词，好起来了；（4）动词，善于，长于，能做到；（5）副词，好好地；（6）动词，使它好。参见杨伯峻译注《论语译注》，北京：中华书局，2009 年，第 275 页。

矣。友便辟，友善柔，友便佞，损矣。"（《论语·季氏》）

第二，作名词、形容词或动词，表示价值判断。这里又分为两种
情况。

第一种直接指向人，相当于今之"好""优点""功劳"：

　　季康子问政于孔子曰："如杀无道，以就有道，何如？"孔子
对曰："子为政，焉用杀？子欲善而民善矣。君子之德风，小人
之德草。草上之风，必偃。"（《论语·颜渊》）

　　孔子曰："益者三乐，损者三乐。乐节礼乐，乐道人之善，
乐多贤友，益矣。乐骄乐，乐佚游，乐宴乐，损矣。"（《论语·
季氏》）

　　颜渊季路侍。子曰："盍各言尔志？"子路曰："愿车马衣轻
裘与朋友共敝之而无憾。"颜渊曰："愿无伐善，无施劳。"子路
曰："愿闻子之志。"子曰："老者安之，朋友信之，少者怀之。"
（《论语·公冶长》）

第二种指向言辞或事物，相当于今之"好"：

　　樊迟从游于舞雩之下，曰："敢问崇德，修慝，辨惑。"子曰：
"善哉问！先事后得，非崇德与？攻其恶，无攻人之恶，非修慝与？
一朝之忿，忘其身，以及其亲，非惑与？"（《论语·颜渊》）

　　子贡问为仁。子曰："工欲善其事，必先利其器。居是邦也，
事其大夫之贤者，友其士之仁者。"（《论语·卫灵公》）

　　定公问："一言而可以兴邦，有诸？"孔子对曰："言不可以

若是其几也。人之言曰：'为君难，为臣不易。'如知为君之难也，不几乎一言而兴邦乎？"曰："一言而丧邦，有诸？"孔子对曰："言不可以若是其几也。人之言曰：'予无乐乎为君，唯其言而莫予违也。'如其善而莫之违也，不亦善乎？如不善而莫之违也，不几乎一言而丧邦乎？"（《论语·子路》）

第三，作集合名词，表示某一类人：

季康子问："使民敬、忠以劝，如之何？"子曰："临之以庄，则敬；孝慈，则忠；举善而教不能，则劝。"（《论语·为政》）

子张问善人之道。子曰："不践迹，亦不入于室。"（《论语·先进》）

子贡问曰："乡人皆好之，何如？"子曰："未可也。""乡人皆恶之，何如？"子曰："未可也；不如乡人之善者好之，其不善者恶之。"（《论语·子路》）

第四，作副词，表示程度，相当于今之"好好地"：

季氏使闵子骞为费宰。闵子骞曰："善为我辞焉！如有复我者，则吾必在汶上矣。"（《论语·雍也》）

子贡问友。子曰："忠告而善道之，不可则止，毋自辱焉。"（《论语·颜渊》）

不难发现，可能等同于德的"善"只存在于第二类用法的第一种情况中，但这种用法中的"善"，其外延要远远大于德。孔子说："德之不修，学之不讲，闻义不能徙，不善不能改，是吾忧也。"① 注疏家多以为孔子忧者有四，这固然不能说错，但此章还可以这样理解："德之不修（一不善也）；学之不讲（二不善也）；闻义不能徙（三不善也）。不善不能改，是吾忧也。"正因为德只是"善"之一种，所以孔子谈到"善"的时候往往只是指一般意义上的好，德的意味并不明显。比如，孔子说："三人行，必有我师焉：择其善者而从之，其不善者而改之。"② 这当然不是说三人之中必有忠信过于丘者。事实上，《论语》中的"善"无一确指德，不仅《论语》，《诗》《书》也概莫能外。

最早赋予"善"以明确的德之内涵的是孟子。所谓"孟子道性善，言必称尧、舜"③。既然是就人的本性而言，"善"的外延便缩小了很多。孟子是这样解释的："乃若其情，则可以为善矣，乃所谓善也。若夫为不善，非才之罪也。恻隐之心，人皆有之；羞恶之心，人皆有之；恭敬之心，人皆有之；是非之心，人皆有之。恻隐之心，仁也；羞恶之心，义也；恭敬之心，礼也；是非之心，智。仁、义、礼、智，非由外铄我也，我固有之也，弗思耳矣。"④ 仅从此句看，"善"几乎与仁、义、礼、智相等，但实际上，它只是指德之四端而已。⑤

---

① 何晏注，邢昺疏《论语注疏》卷第七，朱汉民整理，张岂之审定，北京：北京大学出版社，2000 年，第 93、94 页。

② 何晏注，邢昺疏《论语注疏》卷第七，朱汉民整理，张岂之审定，北京：北京大学出版社，2000 年，第 102 页。

③ 赵岐注，孙奭疏《孟子注疏》卷第五上，廖名春、刘佑平整理，钱逊审定，北京：北京大学出版社，2000 年，第 153 页。

④ 赵岐注，孙奭疏《孟子注疏》卷第十一上，廖名春、刘佑平整理，钱逊审定，北京：北京大学出版社，2000 年，第 354 页。

⑤ 孟子曰："无恻隐之心，非人也；无羞恶之心，非人也；无辞让之心，非人也；无是非之心，非人也。恻隐之心，仁之端也；羞恶之心，义之端也；辞让之心，礼之端也；是非之心，智之端也。人之有是四端也，犹其有四体也。有是四端而自谓不能者，自贼者也；谓其君不能者，贼其君者也。凡有四端于我者，知皆扩而充之矣，若火之始然，泉之始达。苟能充之，足以保四海；苟不充之，不足以事父母。"参见赵岐注，孙奭疏《孟子注疏》卷第三下，廖名春、刘佑平整理，钱逊审定，北京：北京大学出版社，2000 年，第 113 页。

荀子对性善论的反驳，较大程度上基于对孟子的误读。他说："凡古今天下之所谓善者，正理平治也；所谓恶者，偏险悖乱也。是善恶之分也已。今诚以人之性固正理平治邪？则有恶用圣王、恶用礼义矣哉！虽有圣王礼义，将曷加于正理平治也哉！"① "善"被释为"正理平治"，就不再是德之端而是德本身了。从"美""善"关系看，"善"于孟子是起点，故而难以和"美"平起平坐②；于荀子却是终点，所以可以与"美"相提并论。荀子说道："君子以钟鼓道志，以琴瑟乐心；动以干戚，饰以羽旄，从以磬管。故其清明象天，其广大象地，其俯仰周旋有似于四时。故乐行而志清，礼修而行成，耳目聪明，血气和平，移风易俗，天下皆宁，美善相乐。"③ 于是，"美"和"善"继《论语》"子谓《韶》"章之后，再一次同时与乐联系在一起。但此"善"已非彼"善"，若以《荀子》之"善"解《论语》之"善"，难得孔子本意也就不足为怪了。

当我们把目光再次转向《论语》的时候，会发现《卫灵公》篇有这样一章：

> 子曰："知及之，仁不能守之；虽得之，必失之。知及之，仁能守之；不庄以莅之，则民不敬。知及之，仁能守之，庄以莅之；动之不以礼，未善也。"

---

① 王先谦：《荀子集解》卷第十七，沈啸寰、王星贤点校，北京：中华书局，2013 年，第519 页。

② 浩生不害问曰："乐正子何人也？"孟子曰："善人也，信人也。""何谓善？何谓信？"曰："可欲之谓善，有诸己之谓信，充实之谓美，充实而有光辉之谓大，大而化之之谓圣，圣而不可知之之谓神。乐正子，二之中，四之下也。"参见赵岐注，孙奭疏《孟子注疏》卷第十四上，廖名春、刘佑平整理，钱逊审定，北京：北京大学出版社，2000 年，第 464、465 页。

③ 王先谦：《荀子集解》卷第十四，沈啸寰、王星贤点校，北京：中华书局，2013 年，第451 页。

笔者认为，"子谓《韶》"章之"善"即此章之"善"。"善"就是"好"，"尽善"就是什么都好。全章的意思是：孔子认为，《韶》不仅美到极致，并且已臻于完满的境界；《武》也美到极致，但尚未臻于完满的境界。在这里，"又"不表示并列，而是表示递进。也就是说，"尽美"是"尽善"的条件之一，至于还有什么条件，则需进一步的分析。

第四节　孔子称《武》"未尽善"的原因

回到最根本的问题：《武》为什么"未尽善"？学者于《礼记》中寻得线索，[①] 从而在"征伐取天下"说之外，又提出了"未致太平"说和"声淫及商"说两种解释。

先讲"未致太平"说。

《礼记·乐记》："王者功成作乐，治定制礼，其功大者其乐备，其治辩者其礼具。干戚之舞，非备乐也。孰亨而祀，非达礼也。"东汉郑玄为其作注："乐以文德为备，若《咸池》者。孔子曰：'《韶》，尽美矣，又尽善也。'谓《武》：'尽美矣，未尽善也。'"唐代孔颖达为郑注作疏："夫礼乐必由其功治，功治有大小，故礼乐亦应以广狭也。若以一代而言，则武王功治尚小，故礼乐未得备遍。至周公功成治大，故礼乐应之而备也。若异代言之，则尧、舜功大治辩，乐备礼具。若汤、武比于尧、舜，则功小治狭，乐不备，礼不具也。"[②]

顾炎武《日知录》曰：

---

① 虽然就历史的可靠性来讲《礼记》不如《论语》，但轻易否定《礼记》中的相关记载并不利于问题的解决。

② 郑玄注，孔颖达疏《礼记正义》卷第三十七，龚抗云整理，王文锦审定，北京：北京大学出版社，2000年，第1271页。

观于季札论文王之乐，以为"美哉犹有憾"，则知夫子谓《武》"未尽善"之旨矣。"犹未洽于天下"，此文之犹有憾也。"天下未安而崩"，此武之未尽善也。《记》曰："乐者，象成者也。"又曰："移风易俗，莫善于乐。"武王当日诛纣伐奄，三年讨其君，而宝龟之命曰"有大艰于西土"，殷之顽民，迪屡不静，"商俗靡靡，利口惟贤，余风未殄"。视舜之"从欲以治，四方风动"者，何如哉？故大武之乐，虽作于周公，而未至于世变风移之日，圣人之时也，非人力之所能为矣。[1]

清代焦循、刘宝楠亦持此论。焦循说："《韶》尽美又尽善，《武》尽美未尽善。善则变通神化，民无能名。武定天下，未受命，故未能尽善。周公成文武之德，制礼作乐而亦尽乎善矣。"[2] 刘宝楠说："盖舜德既盛，又躬致太平，非武所及，故《韶》乐独尽美尽善。若文王未洽于天下，则犹有憾，亦与《武》乐未尽善同也。"[3]

从郑玄引《论语》注《礼记》，到刘宝楠引《礼记》注《论语》，逻辑是相同的：因为"其功大者其乐备"，所以功不大则乐不备；武王在克殷后二年而崩，礼乐未成，天下未洽，所以功不大；武王功不大，所以《武》乐不备，也就是"未尽善"。

从表面上看，这似乎是一个完美的三段论，而实际上，它默认了一个重要前提，即《武》乐表现了并且仅表现武王的功绩。那么，《武》乐是否完全符合这个前提呢？

在《礼记·乐记》的记载中，孔子这样描述《武》乐：

---

[1] 顾炎武著，陈垣校注《日知录校注》卷第七，陈智超等整理，合肥：安徽大学出版社，2007 年，第 375、376 页。

[2] 焦循：《尚书补疏》卷下，《丛书集成三编》第 92 册，台北：新文丰出版公司，1997 年，第 157 页上栏。

[3] 刘宝楠：《论语正义》卷第四，高流水点校，北京，中华书局，1990 年，第 136 页。

夫乐者，象成者也。总干而山立，武王之事也。发扬蹈厉，大公之志也。《武》乱皆坐，周、召之治也。且夫《武》，始而北出，再成而灭商，三成而南，四成而南国是疆，五成而分周公左、召公右，六成复缀，以崇天子。夹振之而驷伐，盛威于中国也。分夹而进，事早济也。久立于缀，以待诸侯之至也。①

这段话不仅关涉《武》乐组成及其次序，同时也关涉《诗·周颂》个别篇章的大意，故而为历代学者所重。其中，对于"《武》乱皆坐，周、召之治"和"五成而分周公左、召公右"所指时期，一直存在两种看法：王国维等以为在成王时，② 高亨等以为在武王时。考其论述，则后说于史无据。高亨解"三成而南"："武王去征伐南国，目的在求中国统一，四方定安。"解"五成而分周公左、召公右"："这是叙述周朝的'王师'，到了时机，就战胜了商朝，武王做了中国的共主，而统帅王的士兵是'尔公'。……当时【笔者按：指牧野之战时】王的士兵，可能是分做两队，由周公召公分别率领。"③ 高先生的这些话没有其他史料可佐证。笔者认为，周公、召公于武王时既不同列，也无殊功，于成王时则协力平三监、伐淮夷，兴正礼乐以致天下安宁，"周、召之治"所指是比较明确的。也就是说，《武》乐既颂"武王之事"，又颂"周、召之治"，所述历武、成二朝，以秩序的重建作结。由此观之，"未致太平"说恐怕很难成立。退一步讲，如果

---

① 郑玄注，孔颖达疏《礼记正义》卷第三十九，龚抗云整理，王文锦审定，北京：北京大学出版社，2000年，第1319—1322页。此句或"崇"下断句，或"天子"下断句。本文取后者。

② 参见王国维《观堂集林·说〈勺〉舞〈象〉舞》，谢维扬、房鑫亮主编《王国维全集》第8卷，杭州：浙江教育出版社，2009年，第58页。

③ 参见高亨《文史述林》，高亨著，董治安编《高亨著作集林》第9卷，北京：清华大学出版社，2004年，第80—117页。

"未尽善"是"未致太平"之意，则孔子此语便成了极简单的事实判断，这与《论语》的整体风格是格格不入的。

再讲"声淫及商"说。

孔子在描述《武》乐（如前所引）之前，有一段与宾牟贾的问答：

（孔子）曰："夫《武》之备戒之已久，何也?"（宾牟贾）对曰："病不得其众也。""咏叹之，淫液之，何也?"对曰："恐不逮事也。""发扬蹈厉之已早，何也?"对曰："及时事也。""《武》坐，致右宪左，何也?"对曰："非《武》坐也。""声淫及商，何也?"对曰："非《武》音也。"子曰："若非《武》音，则何音也?"对曰："有司失其传也。若非有司失其传，则武王之志荒矣。"子曰："唯。丘之闻诸苌弘，亦若吾子之言是也。"[1]

郑玄注"声淫及商"："时人或说其义为贪商也。"注"有司失其传"："言典乐者失其说也，而时人妄说也。"孔颖达补充道："孔子以时人之意而问宾牟贾，然时人之说非也。""武王大圣，伐暴除残，何有贪商之意? 故知有司妄说为贪商，使时人致惑。"[2] 他们认为，"声淫及商"是指时人错误地以为《武》乐透露了武王的"贪商"（即伐纣非为救民而为取天下）之意。既然是时人的误解，那么"声淫及商"与《武》之"未尽善"也就无关了。

程颐提出了另一种看法。弟子向他请教："《武》未尽善处，如

---

① 郑玄注，孔颖达疏《礼记正义》卷第三十九，龚抗云整理，王文锦审定，北京：北京大学出版社，2000年，第1316、1317页。

② 郑玄注，孔颖达疏《礼记正义》卷第三十九，龚抗云整理，王文锦审定，北京：北京大学出版社，2000年，第1317、1318页。

何?"伊川先生答道:"说者以征诛不及揖让。征诛固不及揖让,然未尽善处,不独在此,其声音节奏亦有未尽善者。《乐记》曰:'有司失其传也。若非有司失其传,则武王之志荒矣。'孔子'自卫反鲁,然后乐正,《雅》《颂》各得其所'。是知既正之后,不能无错乱者。"①按照程颐的看法,"声淫及商"是指《武》乐声音节奏不够准确,而孔子称《武》"未尽善",可能是在说自己正乐之后,尚有一些已经难以找到正确答案的错乱处。②

关于"声淫及商"的两种意见都很重要,但都不够准确。一方面,"《武》坐,致右宪左"与"声淫及商"谈论的分别是《武》的舞姿和音乐,因为前者不太会是时人对《武》的评论,所以后者也不太会如此。另一方面,"有司失其传"一语表明,孔子说的"声淫及商"并非指原初的《武》,而是指已经改变了本来面貌的《武》。参照《左传》所载"季札观乐"一事,孔子的提问很可能是针对当时的某次或某几次表演而发的。孔子认为《武》的表演有误,所以先后向苌弘、宾牟贾请教。孔子与宾牟贾的对话未必如程颐所言发生在"正乐"之后,倒更像是为正乐作准备。

如果以上推论成立,那么所谓《武》"未尽善"应该就是指当时《武》的乐舞表演因偏离了周公创编时的样子而不够完美。不够完美

---

① 程颢、程颐:《河南程氏遗书》卷第二十三,《二程集》,王孝鱼点校,北京:中华书局,1981年,第306页。

② 当代学者刘再生认为,商代音乐有宫、商、角、徵、羽五个骨干音,而周代的雅乐只有宫、角、徵、羽四个骨干音,《武》乐因"有司失其传"而误增了商音。他还认为,郑、卫乃商人聚居地,用乐与商代相同,所以孔子厌恶郑卫之音。然而,《礼记·乐记》云:"宫为君,商为臣,角为民,徵为事,羽为物。五者不乱,则无怙懘之音矣。宫乱则荒,其君骄。商乱则陂,其官坏。角乱则忧,其民怨。徵乱则哀,其事勤。羽乱则危,其财匮。五者皆乱,迭相陵,谓之慢。如此,则国之灭亡无日矣。郑卫之音,乱世之音也,比于慢矣。"可知郑卫之音并非多了商音,而是宫商角徵羽"五者皆乱,迭相陵"。且孔子仅说《武》"未尽善",将其与"郑卫之音"等同视之是很不妥当的。参见刘再生《孔子的〈大武〉观》,《音乐研究》1990年第3期,第73—79页。

至少表现在两个方面：一是"《武》坐，致右宪左"，即舞姿有误；①
二是"声淫及商"。"淫"表示过度，所以"声淫及商"有两种可能
的意思：或指当时《武》的乐舞表演过度表现了"取天下"的一面，
而忽略了"救民"的初衷；或指当时《武》的乐舞表演过度夸饰了伐
纣的正当性。②

有必要就后者多谈几句。子贡尝言："纣之不善，不如是之甚也。
是以君子恶居下流，天下之恶皆归焉。"③ 这相当于隐晦地指出，伐纣
的正义性"不如是之甚也"。朱熹认为："子贡言此，欲人常自警省，
不可一置其身于不善之地，非谓纣本无罪而虚被恶名也。"④ 郭孔延
《史通评释》："家君有言：'《武》，未尽善。''纣之不善，不如是之
甚。'则殷周之际，孔门自有定论。"⑤ 郭孔延所言较朱子于理更胜。

为了更准确、更全面地理解《武》之"未尽善"，我们不妨将孔
子和宾牟贾的对话全部读完。

孔子和宾牟贾的对话由两部分组成：先是孔子问，宾牟贾答，如
前所述；接下来换作宾牟贾问，孔子答。宾牟贾的问题是："夫《武》
之备戒之已久，则既闻命矣。敢问：迟之迟而又久，何也？"孔子是
如何回答的呢？他先对《武》乐六成作了一番描述（见上文），紧接
着话锋一转：

---

① 从上下文意看，"致右宪左"应该有特殊的含义。至于具体是什么含义，待考。
② 孔子对"真"的要求是一以贯之的。《论语·学而》《论语·阳货》两次提到"巧言令
色，鲜矣仁"。又，《礼记·表记》云："情欲信，辞欲巧。"由此可见，在这句话中，孔
子批评的对象并不是"巧"和"令"，而是虚伪的修饰。
③ 何晏注，邢昺疏《论语注疏》卷第十九，朱汉民整理，张岂之审定，北京：北京大学出
版社，2000年，第297页。
④ 朱熹：《四书章句集注》论语集注卷第十，北京：中华书局，2012年，第193页。
⑤ 郭孔延：《史通评释》卷第十三，《续修四库全书》第447册，上海：上海古籍出版社，
1995年，第169页。

　　且女独未闻牧野之语乎？武王克殷反商，未及下车而封黄帝之后于蓟，封帝尧之后于祝，封帝舜之后于陈；下车而封夏后氏之后于杞，投殷之后于宋；封王子比干之墓，释箕子之囚，使之行商容而复其位。庶民弛政，庶士倍禄。济河而西，马散之华山之阳而弗复乘，牛散之桃林之野而弗复服，车甲衅而藏之府库而弗复用；倒载干戈，包之以虎皮；将帅之士，使为诸侯：名之曰"建橐"，然后天下知武王之不复用兵也。散军而郊射，左射《狸首》，右射《驺虞》，而贯革之射息也。裨冕搢笏，而虎贲之士说剑也。祀乎明堂，而民知孝。朝觐，然后诸侯知所以臣。耕藉，然后诸侯知所以敬。五者，天下之大教也。食三老、五更于大学，天子袒而割牲，执酱而馈，执爵而酳，冕而总干，所以教诸侯之弟也。若此，则周道四达，礼乐交通，则夫《武》之迟久，不亦宜乎！①

　　孔子和宾牟贾的两个问题其实源于同一主题，即《武》乐中某一部分的正当性（具体表现为准确性）和必要性。宾牟贾看重的是"逆取"之事，所以他认为表现克殷之后的场景有些画蛇添足；而孔子看重的则是"顺守"②之德，所以他洋洋洒洒讲述武王克殷后的诸多措施，认为"迟之迟而又久"是理所当然。

　　这很容易让人想到邲之战（公元前597年）时楚国将军潘党和楚庄王的对话。《左传·宣公十二年》：

---

①　郑玄注，孔颖达疏《礼记正义》卷第三十九，龚抗云整理，王文锦审定，北京：北京大学出版社，2000年，第1322—1327页。

②　陆贾："汤武逆取而以顺守之，文武并用，长久之术也。"参见司马迁撰，裴骃集解，司马贞索引，张守节正义《史记》卷第九十七，北京：中华书局，2014年，第3270页。

　　丙辰，楚重至于邲，遂次于衡雍。潘党曰："君盍筑武军而收晋尸以为京观？臣闻克敌必示子孙，以无忘武功。"楚子曰："非尔所知也。夫文，止戈为武。武王克商，作《颂》曰：'载戢干戈，载櫜弓矢。我求懿德，肆于时夏，允王保之。'又作《武》，其卒章曰：'耆定尔功。'其三曰：'铺时绎思，我徂维求定。'其六曰：'绥万邦，屡丰年。'夫武，禁暴、戢兵、保大、定功、安民、和众、丰财者也，故使子孙无忘其章。今我使二国暴骨，暴矣。观兵以威诸侯，兵不戢矣。暴而不戢，安能保大？犹有晋在，焉得定功？所违民欲犹多，民何安焉？无德而强争诸侯，何以和众？利人之几，而安人之乱，以为己荣，何以丰财？武有七德，我无一焉，何以示子孙？其为先君宫，告成事而已。武非吾功也。古者明王伐不敬，取其鲸鲵而封之，以为大戮，于是乎有京观，以惩淫慝。今罪无所，而民皆尽忠以死君命，又何以为京观乎？"①

　　邲之战是春秋中期晋、楚争霸的重要会战。当时形势，楚国占优，楚国将军潘党建议楚庄王将晋军的尸体聚集起来堆成高冢（即"京观"），以此炫耀武功。楚庄王却认为，古代之所以有"京观"，是为了惩戒、威慑十恶不赦的人，晋军阵亡的都是能效忠国君的人，并非十恶不赦的坏人，于是拒绝了潘党的建议。在这里，潘党看重的是战争的结果（输赢），所谓"克敌必示子孙，以无忘武功"，楚庄王看重的是战争的目的，所谓"禁暴、戢兵、保大、定功、安民、和众、丰财"。不难发现，楚庄王对潘党说的话与孔子回答宾牟贾的话如出一

---

① 左丘明传，杜预注，孔颖达正义《春秋左传正义》卷第二十三，浦卫忠等整理，杨向奎审定，北京：北京大学出版社，2000年，第750—754页。

辙，而楚庄王"止戈为武"与"武非吾功"的观念，也与孔子口中的武王所秉持的宗旨几乎是一致的。据《孔子家语》记载，孔子曾经喟然叹曰："贤哉楚王！轻千乘之国而重一言之信。匪申叔之信，不能达其义。匪庄王之贤，不能受其训。"① 所由虽非一事，但"贤哉楚王"之赞移用于此同样是极合适的。

第五节　孔子称《武》"未尽善"的美学史意义

在《论语》"子谓《韶》"章中，"尽善"之"善"并非特指道德伦理，而是泛指一般意义的好，"尽善"就是完美、完满的意思。孔子说"《武》'未尽善'"，并不是说周公创编的《武》"未尽善"，而是指当时的《武》乐表演"未尽善"。事实上，《武》之所以"未尽善"恰恰就是因为表演者偏离了周公创编的"初始版本"。这至少体现在两个方面：一是舞姿不够准确，二是音乐不够准确。具体地说，当时的表演者可能过度表现了武王伐纣"取天下"的一面，而忽略了其"救民"的初衷和"安天下"的举措，这中间还可能过度夸饰了伐纣的正当性。后儒着眼于"取天下"的方式来解释此章，其解释行为本身就是孔子所说的"未尽善"。

所以，我们应该从接受美学的角度来看待《论语》"子谓《韶》"章的美学史意义。"文学价值的创造者，决不只是创作主体作家，还包括接受主体读者。读者也直接参与了文学作品的价值创造，是文学价值的重要来源之一。可以说，就价值来源而言，读者与作家是文学价值的共同创造者。"② 《武》的表演者既有"作者"的性质，

----

① 高尚举、张滨郑、张燕校注《孔子家语校注》卷第二，北京：中华书局，2021年，第132页。

② 朱立元：《接受美学》，上海：上海人民出版社，1989年，第239页。

也有"读者"的性质。两者的关系是：作为"作者"的表演者要将《武》表演出来，首先要作为"读者"去理解周公创编的《武》。从根本上讲，孔子称"《武》'未尽善'"，其实是说"读者"在《武》乐的价值创造的过程中做得还不够好，这里讲的"读者"并不限于《武》乐的表演者，也包括了未能深刻领会《武》乐之精义的普通观众。孔子说："不愤不启，不悱不发。"① 又说："起予者商也！始可与言《诗》已矣。"② 孔子的审美理想从来都是需要"读者"一起完成的。对孔子来说，《韶》和《武》都是非常优秀的作品，它们都是"道"在人间的艺术化呈现，而能够从《武》中领悟"止戈为武"的楚庄王则是非常优秀的"读者"，可谓汲汲于求"道"的现实模范。

这里再对孔子思想中审美与伦理的关系略作说明。学者多以为孔子对艺术的要求：形式上是美的，内容上是符合道德要求的。这种将审美与伦理割裂开来的说法其实并没有准确道出孔子美学思想的精髓。朱熹的弟子曾向他请教："《韶》尽美尽善，《武》尽美未尽善，是乐之声容都尽美，而事之实有尽善、未尽善否？"朱熹答道："不可如此分说，便是就乐中见之。盖有这德，然后做得这乐出来。"③ 虽然朱子对《论语》"子谓《韶》"章的解读未必准确，但他此处的话应该比今天的主流认识更接近孔子思想的本来面目。在孔子的"理想国"中，美的是伦理的，伦理的也是美的，二者是有机统一而非简单相加的关系。

---

① 何晏注，邢昺疏《论语注疏》卷第七，朱汉民整理，张岂之审定，北京：北京大学出版社，2000年，第96页。
② 何晏注，邢昺疏《论语注疏》卷第三，朱汉民整理，张岂之审定，北京：北京大学出版社，2000年，第35页。
③ 黎靖德编《朱子语类》卷第二十五，王星贤点校，北京：中华书局，1994年，第633页。

附　音乐在《关雎》中的作用和地位

一

孔子之后，说《诗》者必谈《关雎》。谈论的关键是，末两章出现的"琴瑟钟鼓"对诗义本身有怎样的影响。①

齐、鲁、韩三家与《毛诗》都是不管"琴瑟钟鼓"的，"比兴""谲谏"的提出，使他们更专注篇首的"关关雎鸠"，进而把诗的主题定位在政治美刺上。所不同的是，三家诗着眼于"康王晏起"的历史事件，继承了先秦诸子批评时政的传统；《毛诗》的作者则以孔子对《关雎》"乐而不淫，哀而不伤"②的评论为依据，创造性地附会出一套"美后妃之德"的说法。

司马迁说："周室衰而《关雎》作。"③他采用鲁诗的观点，把《关雎》看作刺怨诗。王充在《论衡》中也说："问《诗》家曰：'《诗》作何帝王时也？'彼将曰：'周衰而《诗》作，盖康王时也。康王德缺于房，大臣刺晏，故《诗》作。'"④王充这样假设，说明这一说法在当时颇为流行。但如此解释对于建立教化体系来说总有些不太合适。《诗》教的品格是温柔敦厚，火药味太浓，开篇就是讽刺，又如何能见出温柔敦厚呢？换个角度来看，《关雎》与《诗经》中公

---

① 《毛诗》分《关雎》为三章，第一章四句，后两章各八句。郑玄分《关雎》为五章，每章四句。笔者从郑说。

② 何晏注，邢昺疏《论语注疏》卷第三，朱汉民整理，张岂之审定，北京：北京大学出版社，2000年，第45页。

③ 司马迁撰，裴骃集解，司马贞索引，张守节正义《史记》卷第一百二十一，北京：中华书局，2014年，第3785页。

④ 黄晖：《论衡校释》（附刘盼遂集解）卷第十二，北京：中华书局，1990年，第562页。王充质疑了这种说法。

认为"变风""变雅"的作品相比，又显得太过温和。

《毛诗》在三家诗的基础上，修正了这一派的问题。① 《毛诗序》曰："《关雎》，后妃之德也，风之始也，所以风天下而正夫妇也。故用之乡人焉，用之邦国焉。"又曰："《周南》《召南》，正始之道，王化之基。是以《关雎》乐得淑女以配君子，忧在进贤，不淫其色。哀窈窕，思贤才，而无伤害之心焉。是《关雎》之义也。"② 经过《毛诗》作者的创造性阐释后，三家诗的问题得以解决，但新的问题也随之产生了。上引《毛诗》的后一段话完全是套用孔子之语敷衍而成的。既然"乐而不淫，哀而不伤"是指"淑女"配"君子"，那么行为主体只能是诗中的"淑女"与"君子"，为什么还有一个"后妃"呢？退一步讲，以诗中不存在的人物为褒扬对象，不经解说，何人知晓？贵族能受到良好的诗乐教育，"用之邦国"或许可行，而"用之乡人"却是万万办不到的。不能"用之乡人"，又如何谈得上"风天下而正夫妇"呢？

齐、鲁、韩、毛四家诗之所以会有这样的麻烦，恰恰是因为他们忽视了"琴瑟钟鼓"。顾颉刚曾经指出："从西周到春秋中叶，诗与乐是合一的，乐与礼是合一的。春秋末叶，新声起了。新声是有独立性的音乐，可以不必附歌词，也脱离了礼节的束缚。因为这种音乐很能悦耳，所以在社会上占极大的势力，不久就把雅乐打倒……雅乐成为

---

① 齐诗、韩诗的观点与鲁诗大致相同，都认为《关雎》主"刺"。例如，《后汉书·明帝纪》李注引薛君《韩诗章句》："诗人言雎鸠贞洁慎匹，以声相求，隐蔽于无人之处。故人君退朝，入于私宫，后妃御见有度，应门击柝，鼓人上堂，退反宴处，体安志明。今时大人内倾于色，贤人见其萌，故咏《关雎》，说淑女，正容仪，以刺时。"参见范晔撰，李贤等注《后汉书》卷第二，北京：中华书局，1965 年，第 112 页。
② 毛亨传，郑玄笺，孔颖达疏《毛诗正义》卷第一，龚抗云等整理，刘家和审定，北京：北京大学出版社，2000 年，第 5、24 页。

古乐，更加衰微得不成样子。"①《诗》教本是乐教，《诗》与乐分离的历史也就是周王朝礼崩乐坏的历史。所以，先秦儒家要维护传统，自然会在说《诗》的同时强调乐的重要性。而以"琴瑟友之""钟鼓乐之"结尾的《关雎》，不正是最好的典范吗？无独有偶，同样是"四始"②之一，《小雅·鹿鸣》也出现了"鼓瑟鼓琴"的场面，其诗曰："我有嘉宾，鼓瑟鼓琴。鼓瑟鼓琴，和乐且湛。"我们有理由认为，先贤将《关雎》置于《诗三百》篇首是与"琴瑟钟鼓"分不开的。

提到"琴瑟钟鼓"的是《孔子诗论》。为方便阐述，摘录原句如下：

> 《关雎》之改，……盖曰终而皆贤于其初者也。（第十简）
>
> 《关雎》以色喻于礼……（第十简）
>
> ……情，爱也。《关雎》之改，则其思益矣。（第十一简）
>
> ……好，反纳于礼，不亦能改乎？（第十二简）
>
> 其四章则喻矣：以琴瑟之悦，凝好色之愿；以钟鼓之乐，……（第十四简）③

短短五句话中，"改"字出现了三次，由此可见，《孔子诗论》强调的是"初"和"终"的变化。李学勤认为，"改"指男主人公由

---

① 顾颉刚：《〈诗经〉在春秋战国间的地位》，顾颉刚编著《古史辨》第3册，上海：上海古籍出版社，1982年，第366页。

② 旧说《诗经》有"四始"，各家说法不一。笔者取司马迁的观点："《关雎》之乱以为'风'始，《鹿鸣》为'小雅'始，《文王》为'大雅'始，《清庙》为'颂'始。"参见司马迁撰，裴骃集解，司马贞索隐，张守节正义《史记》卷第四十七，北京：中华书局，2014年，第2345页。

③ 陈桐生：《〈孔子诗论〉研究》，北京：中华书局，2004年，第263—265页。

"好色"改到礼义之上。① 李先生的这个观点是很合理的。具体地说，"君子"起初"寤寐求之""辗转反侧"，最终在"琴瑟钟鼓"中得到净化，从而达到"贤于其初"的结果，而好色是情，礼义是理，情是理的对立面，所以说"反纳于礼"。② 值得注意的是，这个"改"是通过"琴瑟钟鼓"来完成的。我们不妨换一个角度看第十四简的内容，即如果没有"琴瑟之悦"，那么"好色之愿"就无处落实，孔子所说的"乐而不淫"就没法实现。在这里，"琴瑟"是一种依靠，是君子凭借的对象。"钟鼓之乐"后的文字虽然缺失，但不难看出也应是讲"钟鼓"的重要性的。

《论语》记载："子曰：'兴于《诗》，立于礼，成于乐。'"③ 孔子将音乐置于这样高的地位，与《诗经》首篇就出现"琴瑟钟鼓"是暗合的。至于音乐为何重要，"琴瑟钟鼓"又是如何起作用的，这是下文将要论述的问题。

二

仁的人生哲学思想是孔子整个思想体系的核心。④ 作为后世儒家"五经"之首的《诗经》，"可以兴，可以观，可以群，可以怨"⑤，其主旨自然也不会离开仁。那么，仁与音乐是什么关系？它在《关雎》

① 李学勤：《〈诗论〉说〈关雎〉等七篇释义》，《齐鲁学刊》2002 年第 2 期，第 91 页。同时参见黄怀信《上海博物馆藏战国楚竹书〈诗论〉解义》，北京：社会科学文献出版社，2004 年，第 23、24 页。

② "反纳于礼"似乎隐含着一个人格断裂的过程，"终而皆贤于其初者"又似乎与"长迁而不反其初"（《荀子·不苟》）一脉相承。据陈桐生考证，《孔子诗论》的成书年代大约在子思之后、孟子之前。笔者推测，《孔子诗论》的这一思想或与荀子思想同源。

③ 何晏注，邢昺疏《论语注疏》卷第八，朱汉民整理，张岂之审定，北京：北京大学出版社，2000 年，第 115 页。

④ 参见匡亚明《孔子评传》，南京：南京大学出版社，1990 年，第 150 页。

⑤ 何晏注，邢昺疏《论语注疏》卷第十七，朱汉民整理，张岂之审定，北京：北京大学出版社，2000 年，第 269、270 页。

中又是如何体现的呢？

我们首先来考察"仁"的概念。冯友兰认为，一个人在社会里有他应循的义务。这些义务的具体的本质是"爱人"，也就是"仁"。① 冯先生的观点是从"樊迟问仁，子曰'爱人'"② 中来的。胡适在《中国哲学史大纲》中说："仁是理想的人道，做一个人，须要能尽人道。能尽人道，即是仁。"③ 适之先生的观点是从"仁者，人也"④ 中来的。这些说法表面上无可非议，但总给人笼统空荡荡的感觉。

梁漱溟不满足于此，发表了自己的看法。他认为，孔子所谓的仁是一种敏锐的直觉，是跃然可见确乎可指的。儒家完全要听凭直觉，所以唯一重要的就是让直觉敏锐明利；而唯一怕的就是直觉迟钝麻痹。所以孔子教人就是"求仁"，就是要人避免直觉麻痹。他进一步指出，心乱会导致直觉迟钝，而敏锐的直觉都在心静的时候产生。⑤连贯起来，就是说：仁是敏锐的直觉，是不麻木；心乱是恶的源头，心静则是求仁的条件。梁漱溟的这一意见颇有见地。

明白了什么是仁，再来谈仁和音乐的关系。徐复观认为，"美"与"善"的统一，是孔子对音乐、对艺术的基本规定和要求，孔子的

---

① 参见冯友兰《中国哲学简史》，涂又光译，北京：中华书局，2017年，第573页。

② 何晏注，邢昺疏《论语注疏》卷第十二，朱汉民整理，张岂之审定，北京：北京大学出版社，2000年，第190页。

③ 胡适：《中国哲学史大纲》，北京：商务印书馆，2011年，第91页。

④ 郑玄注，孔颖达疏《礼记正义》卷第五十二，龚抗云整理，王文锦审定，北京：北京大学出版社，2000年，第1683页。

⑤ 参见梁漱溟《东西文化及其哲学》，北京：商务印书馆，2005年，第131—133页。梁漱溟晚年接受采访时说："在六十年前，六十年前的时候我才二十几岁，那个时候发表《东西文化及其哲学》，那里边我就对孔子有一些解说，按照我当时的理解、我所能懂得的，来说明孔子。……我说'孔子说的仁是什么呢？是一种很敏锐的直觉'。孟子不是喜欢说'良知良能'，那个就是现在所说的本能。直觉嘛，英文就是 Intuition，本能就是 Instinct。我就是这样子来把孔孟之学，用现在的名词来介绍给人。现在我知道错了。它只是近似，好像是那样，只是近似，不对，不很对，不真对。这个不真对，可也没有全错啊，也不能算全错。"参见梁漱溟、艾恺《这个世界会好吗：梁漱溟晚年口述》（增订本），北京：生活·读书·新知三联书店，2015年，第24页。

所谓"尽善",只能指仁的精神而言。因此,孔子所要求于乐的,是美与仁的统一;而孔子之所以特别重视乐,也正因为在仁中有乐,在乐中有仁的缘故。① 宗白华也曾在《中国古代的音乐寓言与音乐思想》一文中指出,音乐能够表象宇宙,内具规律和度数,对人类的精神和社会生活有良好影响,可以满足人们在哲学探讨里追求真、善、美的要求。②

至此,音乐这个艺术概念与仁这个道德概念的关系算是厘清了。音乐不但可以促成仁,甚至可以与仁融合。而《关雎》就是二者统一的典型例证。

我们来看《关雎》中的"君子":诗的二、三两章写他痴迷于美丽贤淑的女子,醒来睡去都想追求她,以至于"寤寐思服""辗转反侧",这不正是心乱的表现吗?如果诗歌到此为止,那么"君子"不过是一个好色之徒,他离恶只有一步之遥,更不用说仁了。因为按照梁漱溟的说法,只有心静的时候才可能产生敏锐的直觉,才有可能实现仁。幸好"君子"并没有甘心堕落,他想要摆脱这种"钝"的困境,追求一种"安"的平衡,以期回归到敏锐明利的状态,这就是《孔子诗论》所说的"改"。

有学者将《诗经》里的"君子"分为三类:一是指身份高贵的天子、诸侯、卿大夫;二是指品德高尚、美名远播的贤人;三是对丈夫、情人的专称。③ 在《关雎》中,拥有青铜乐器的"君子"起初只是一个有地位的贵族。但到了末两章,主人公做了"改"的努力,出现在我们面前的则是一个温柔敦厚的有德者形象了。

① 参见徐复观《中国艺术精神》,北京:商务印书馆,2010年,第24—26页。
② 参见宗白华《美学散步》,上海:上海人民出版社,1981年,第196页。
③ 参见郑海涛《从"君子"探〈诗经〉中彰显的贵族人格精神:兼论"君子"在先秦的流变》,余正松、周晓琳主编《〈诗经〉的接受与影响》,上海:上海古籍出版社,2006年,第51页。

"琴瑟钟鼓"的出现是"君子"完成这一转变的关键。在从心乱到心静的求仁过程中，恶通过音乐的调和得到消解，仁通过音乐的调和得到显现。孔子曰："质胜文则野，文胜质则史。文质彬彬，然后君子。"① 在《关雎》中，"君子"所具有的合于礼和仁的情志就是"质"，"琴瑟钟鼓"就是传达"情志"的"文"。两相结合，才可以成为社会意义上和道德意义上的"君子"。在这里，"道德充实了艺术的内容，艺术助长、安定了道德的力量"②。

三

不少学者认为，《关雎》中的"琴瑟钟鼓"是"君子"迎娶"淑女"的明证。郑振铎在《中国俗文学史》中说："在《周南》、《召南》里，有几篇民歌的结婚乐曲，和后代的'撒帐词'等有些相同。《关雎》里有'琴瑟友之'、'钟鼓乐之'，明是结婚时的歌曲。"③ 余冠英在《诗经选》中也说："最后两章是设想和彼女结婚。琴瑟钟鼓的热闹是结婚时应有的事。"④

然而，据《礼记·郊特牲》记载："昏礼不用乐，幽阴之义也。乐，阳气也。昏礼不贺，人之序也。"郑玄注："幽，深也。欲使妇深思其义，不以阳散之也。"⑤ 由此看来，"琴瑟钟鼓"或许并非指婚礼用乐，而把《关雎》的结尾简单地概括为回归礼乐，也同样是不能让人满意的。

---

① 何晏注，邢昺疏《论语注疏》卷第六，朱汉民整理，张岂之审定，北京：北京大学出版社，2000 年，第 86 页。
② 徐复观：《中国艺术精神》，北京：商务印书馆，2010 年，第 28 页。
③ 郑振铎：《中国俗文学史》，北京：商务印书馆，2017 年，第 24 页。
④ 余冠英注译《诗经选》，北京：人民文学出版社，1979 年，第 4 页。
⑤ 郑玄注，孔颖达疏《礼记正义》卷第二十六，龚抗云整理，王文锦审定，北京：北京大学出版社，2000 年，第 950 页。

我们还是先来看看孔子对音乐的要求吧。《论语·阳货》云："子曰：恶紫之夺朱也，恶郑声之乱雅乐也，恶利口之覆邦家者。"① 又，《论语·卫灵公》云："子曰：行夏之时，乘殷之辂，服周之冕，乐则《韶》《舞》。放郑声，远佞人。郑声淫，佞人殆。"② 孔子对"郑声"的态度，从反面说明了他对音乐的要求，也就是"乐而不淫，哀而不伤"。

中与和是先秦儒家对乐所要求的美的标准。中与和蕴有善的意味，"足以感动人之善心"③。所以，荀子说："《诗》者，中声之所止也"；又说："《礼》之敬文也，《乐》之中和也，《诗》《书》之博也，《春秋》之微也，在天地之间者毕矣"④；"故乐者，天下之大齐也，中和之纪也"⑤。同样，《关雎》中的"琴瑟钟鼓"要帮助"君子"摆脱困境，必定也符合儒家所要求的中与和的标准。结合上文的论述，整个逻辑应该是这样的："琴瑟钟鼓"指的是中与和的音乐，这种音乐可以使"君子"恢复心静，而心静又帮助君子获得"安"的平衡，从而也达到中与和的状态，成为一个温良敦厚的道德楷模。

嵇康对音乐的论述可以说明这个关系。他在《声无哀乐论》中否定了音乐具有哀乐的本质，但还是借秦客的口说出了"平和之人，听筝笛琵琶，则形躁而志越；闻琴瑟之音，则体静而心闲"。嵇康在辩难中还回答了琴瑟能让人心静的原因，他说："琴瑟之体，间辽而音

---

① 何晏注，邢昺疏《论语注疏》卷第十七，朱汉民整理，张岂之审定，北京：北京大学出版社，2000年，第273页。

② 何晏注，邢昺疏《论语注疏》卷第十五，朱汉民整理，张岂之审定，北京：北京大学出版社，2000年，第239页。

③ 王先谦：《荀子集解》卷第十四，沈啸寰、王星贤点校，北京：中华书局，2013年，第448页。

④ 王先谦：《荀子集解》卷第一，沈啸寰、王星贤点校，北京：中华书局，2013年，第13、14页。

⑤ 王先谦：《荀子集解》卷第十四，沈啸寰、王星贤点校，北京：中华书局，2013年，第449页。

埤，变希而声清，以埤音御希变，不虚心静听，则不尽清和之极。是以体静而心闲也。"①《荀子·乐论》也有论及"琴瑟钟鼓"："声乐之象：鼓大丽，钟统实……瑟易良，琴妇好……""君子以钟鼓道志，以琴瑟乐心。……故乐行而志清，礼修而行成。耳目聪明，血气和平，移风易俗，天下皆宁。"② 荀子认为，好的音乐可以使人"耳目聪明""血气和平"，这与嵇康所说的"听静而心闲"相一致，从而很好地说明了"琴瑟钟鼓"在《关雎》中的作用。其实，音乐本来和道德无关，但是它们可以为养成道德创造条件，因而也就显得格外重要了。

纵观《关雎》全篇，作为仁的人生哲学方法论的中庸是先贤最想表达的重点。诗中的"君子"为我们提供了两个层面的示范：对自己爱慕的对象，不管如何"寤寐思服""求之不得"，乃至"辗转反侧"，都没有采取轻薄或者强迫的手段，这是第一个层面；通过"琴瑟友之""钟鼓乐之"，将内心的冲动克制住，回归到心平气和的状态，这是第二个层面。如果说西周的礼乐制度是以伦理规范和音乐旋律来倡导中和，那么《关雎》则是通过"琴瑟钟鼓"来倡导一种层次井然的秩序，追求一种从容含蓄的风度。在这里，任何过头的暴风骤雨式的情感都被音乐消解，文与质达到最完美的统一。

---

① 嵇康著，戴明扬校注《嵇康集校注》卷第五，北京：中华书局，2014 年，第 353、354 页。
② 王先谦：《荀子集解》卷第十四，沈啸寰、王星贤点校，北京：中华书局，2013 年，第 451—453 页。

参考文献

（一）古籍

《国语》，上海师范大学古籍整理研究所校点，上海：上海古籍出版社，1988 年。

班固著，颜师古注《汉书》，北京：中华书局，1962 年。

蔡沉：《书集传》，王丰先点校，北京：中华书局，2018 年。

陈第：《尚书疏衍》，文渊阁《四库全书》第 64 册，台北：台湾商务印书馆，1984 年。

程颢、程颐：《河南程氏遗书》，《二程集》，王孝鱼点校，北京：中华书局，1981 年。

戴钧衡：《书传补商》，《续修四库全书》第 50 册，上海：上海古籍出版社，1995 年。

董逌：《广川书跋》，何立民点校，杭州：浙江人民美术出版社，2016 年。

段成式：《酉阳杂俎》，曹中孚校点，上海：上海古籍出版社，2012 年。

范晔撰，李贤等注《后汉书》，北京：中华书局，1965年。

高尚举、张滨郑、张燕校注《孔子家语校注》，北京：中华书局，2021年。

顾颉刚、刘起釪：《尚书校释译论》，北京：中华书局，2005年。

顾禄：《清嘉录》，来新夏校点，上海：上海古籍出版社，1986年。

顾炎武著，陈垣校注《日知录校注》，陈智超等整理，合肥：安徽大学出版社，2007年。

郭丹、程小青、李彬源译注《左传》，北京：中华书局，2012年。

郭孔延：《史通评释》，《续修四库全书》第447册，上海：上海古籍出版社，1995年。

郭庆藩：《庄子集释》，王孝鱼点校，北京：中华书局，2012年。

郝懿行：《山海经笺疏》，栾保群点校，北京：中华书局，2019年。

何晏集解，皇侃义疏《论语集解义疏》，文渊阁《四库全书》第195册，台北：台湾商务印书馆，1984年。

何晏集解《论语集解》，《四部丛刊》影印日本正平本。

何晏注，邢昺疏《论语注疏》，朱汉民整理，张岂之审定，北京：北京大学出版社，2000年。

皇甫谧等：《帝王世纪 世本 逸周书 古本竹书纪年》，陆吉等点校，济南：齐鲁书社，2010年。

黄伯思：《东观余论》，李萍点校，北京：人民美术出版社，2010年。

黄晖：《论衡校释》（附刘盼遂集解），北京：中华书局，1990年。

黄克剑：《论语疏解》，北京：中国人民大学出版社，2010年。

黄震：《黄氏日抄》，张伟、何忠礼主编《黄震全集》第5册，杭州：浙江大学出版社，2013年。

黄遵宪：《日本国志》，清光绪十六年广州富文斋刻本。

嵇康著，戴明扬校注《嵇康集校注》，北京：中华书局，2014年。

江灏、钱宗武译注《今古文尚书全译》，贵阳：贵州人民出版社，2008年。

蒋礼鸿：《商君书锥指》，北京：中华书局，1986年。

焦竑：《玉堂丛语》，北京：中华书局，1981年。

焦循：《尚书补疏》，《丛书集成三编》第92册，台北：新文丰出版公司，1997年。

金履祥：《通鉴前编》，文澜阁《四库全书》第329册，杭州：杭州出版社，2015年。

孔安国传，孔颖达疏《尚书正义》，廖名春、陈明整理，吕绍纲审定，北京：北京大学出版社，2000年。

孔安国传，孔颖达正义《尚书正义》，黄怀信整理，上海：上海古籍出版社，2007年。

黎靖德编《朱子语类》，王星贤点校，北京：中华书局，1994年。

李昉等编撰《太平御览》，文渊阁《四库全书》第893、895、898册，台北：台湾商务印书馆，1984年。

李濂：《嵩渚文集》，《四库全书存目丛书·集部》第71册，济南：齐鲁书社，1997年。

李民、王健：《尚书译注》，上海：上海古籍出版社，2012年。

李时珍：《本草纲目》，北京：中国书店，1988年。

刘攽：《彭城集》，北京：中华书局，1985年。

刘宝楠：《论语正义》，高流水点校，北京，中华书局，1990年。

刘师培：《左盒外集》，《刘师培全集》第3册，北京：中共中央党校出版社，1997年。

刘文典：《淮南鸿烈集解》，冯逸、乔华点校，北京：中华书局，

2017 年。

刘昫等：《旧唐书》，北京：中华书局，1975 年。

刘知幾著，浦起龙通释《史通通释》，王煦华整理，上海：上海古籍出版社，2009 年。

吕大临：《考古图》，文渊阁《四库全书》第 840 册，台北：台湾商务印书馆，1984 年。

吕祖谦：《增修东莱书说》，黄灵庚、吴战垒主编《吕祖谦全集》第 3 册，杭州：浙江古籍出版社，2008 年。

毛亨传，郑玄笺，孔颖达疏《毛诗正义》，龚抗云等整理，刘家和审定，北京：北京大学出版社，2000 年。

钱穆：《论语新解》，北京：生活·读书·新知三联书店，2012 年。

钱时：《融堂四书管见》，明钞本。

邵博：《邵氏闻见后录》，刘德权、李剑雄点校，北京：中华书局，1983 年。

司马迁撰，裴骃集解，司马贞索引，张守节正义《史记》，北京：中华书局，2014 年。

宋衷注，秦嘉谟等辑《世本八种》，北京：中华书局，2008 年。

苏轼：《东坡书传》，清嘉庆十年虞山张氏照旷阁刻《学津讨原》本。

孙能传辑《剡溪漫笔》，北京：中国书店，1987 年。

孙钦善：《论语新注》，北京：中华书局，2018 年。

孙星衍：《尚书今古文注疏》，陈抗、盛冬铃点校，北京：中华书局，1986 年。

孙诒让：《墨子间诂》，孙启治点校，北京：中华书局，2017 年。

王弼注，孔颖达疏《周易正义》，卢光明、李申整理，吕绍纲审定，北京：北京大学出版社，2000 年。

王弼注，楼宇烈校释《老子道德经注校释》，北京：中华书局，2008 年。

王夫之：《读通鉴论》，舒士彦点校，北京：中华书局，2013 年。

王夫之：《俟解》，《船山全书》第 12 册，长沙：岳麓书社，1996 年。

王念孙：《广雅疏证》，钟宇讯整理，北京：中华书局，1983 年。

王世舜、王翠叶译注《尚书》，北京：中华书局，2012 年。

王先谦：《荀子集解》，沈啸寰、王星贤点校，北京：中华书局，2013 年。

王先慎：《韩非子集解》，钟哲点校，北京：中华书局，1998 年。

王筠：《说文释例》，北京：中华书局，1987 年。

韦昭注，徐元诰集解《国语集解》，王树民、沈长云点校，北京：中华书局，2019 年。

魏天应编、林子长注《论学绳尺》，明成化五年游明刻本。

夏僎：《尚书详解》，清乾隆武英殿木活字印《武英殿聚珍版书》本。

萧统编，李善注《文选》，上海：上海古籍出版社，2019 年。

徐珂编撰《清稗类钞》，北京：中华书局，2010 年。

许慎撰，段玉裁注《说文解字注》，许惟贤整理，南京：凤凰出版社，2015 年。

许慎撰，徐铉等校定《说文解字》，北京：中华书局，2013 年。

许维遹：《吕氏春秋集释》，北京：中华书局，2009 年。

薛季宣：《书古文训》，清康熙十九年通志堂刻《通志堂经解》本。

杨伯峻、徐提译《白话左传》，北京：中华书局，2016 年。

杨伯峻译注《论语译注》，北京：中华书局，2009 年。

叶适：《习学记言序目》，北京：中华书局，1977 年。

应劭撰，王利器校注《风俗通义校注》，北京：中华书局，1981 年。

余冠英注译《诗经选》，北京：人民文学出版社，1979 年。

张彦远：《历代名画记》，北京：人民美术出版社，2004 年。

赵岐注，孙奭疏《孟子注疏》，廖名春、刘佑平整理，钱逊审定，北京：北京大学出版社，2000 年。

郑玄注，贾公彦疏《周礼注疏》，赵伯雄整理，王文锦审定，北京：北京大学出版社，2000 年。

郑玄注，孔颖达疏《礼记正义》，龚抗云整理，王文锦审定，北京：北京大学出版社，2000 年。

朱熹：《四书章句集注》，北京：中华书局，2012 年。

庄绰：《鸡肋编》，萧鲁阳点校，北京：中华书局，1983 年。

左丘明传，杜预注，孔颖达正义《春秋左传正义》，浦卫忠等整理，杨向奎审定，北京：北京大学出版社，2000 年。

（二）专著、期刊论文、析出文献等

《古代汉语词典》编写组编《古代汉语词典》（大字本），北京：商务印书馆，2002 年。

李圃主编《古文字诂林》，上海：上海教育出版社，1999—2004 年。

《考古》编辑部：《大汶口文化的社会性质及有关问题的讨论综述》，《考古》1979 年第 1 期。

《中国画像石全集》编辑委员会编《中国画像石全集》第 1、2 卷，济南：山东美术出版社，郑州：河南美术出版社，2000 年。

《中国青铜器全集》编辑委员会编《中国青铜器全集》，北京：文物出版社，1996年。

David N. Keightley, Sources of Shang History: The Oracle - Bone Inscriptions of Bronze Age China, Berkeley: University of California Press, 1978.

David N. Keightley, The Origins of Writing in China: Scripts and Cultural Contexts, Wayne Senner ed., The Origins of Writing, Lincoln: University of Nebraska Press, 1989.

Henri Hubert and Marcel Mauss, Sacrifice: Its Nature and Function, translated by W. D. Halls, Chicago: The University of Chicago Press, 1964.

Hildburgh, W. L., "Indeterminability and confusion as apotropaic elements in Italy and in Spain", *Folklore*, 1944, 55 (04).

艾兰：《龟之谜：商代神话、祭祀、艺术和宇宙观研究》（增订版），汪涛译，北京：商务印书馆，2010年。

艾兰：《早期中国历史、思想与文化》（增订版），杨民等译，北京：商务印书馆，2011年。

白川静：《孔子传》，吴守钢译，北京：人民出版社，2014年。

白川静：《西周史略》，袁林译，西安：三秦出版社，1992年。

白川静：《中国古代民俗》，何乃英译，西安：陕西人民美术出版社，1988年。

白川静：《中国古代文化》，加地伸行、范月娇译，台北：文津出版社，1983年。

柏拉图：《柏拉图文艺对话集》，朱光潜译，北京：商务印书馆，2013年。

贝格利：《罗越与中国青铜器研究：艺术史中的风格与分类》，王海城译，杭州：浙江大学出版社，2019年。

曹锦炎、沈建华编著《甲骨文校释总集》，上海：上海辞书出版社，2006年。

陈独秀：《小学识字教本》，北京：新星出版社，2017年。

陈公柔、张长寿：《殷周青铜容器上兽面纹的断代研究》，《考古学报》1990年第2期。

陈国强：《略论大汶口墓葬的社会性质：与唐兰同志商榷》，《厦门大学学报》（哲学社会科学版）1978年第1期。

陈建军：《从饕餮纹说起》，《东南文化》2005年第5期。

陈来：《古代宗教与伦理：儒家思想的根源》，北京：生活·读书·新知三联书店，2017年。

陈良运：《"美"起源于"味觉"辨正》，《文艺研究》2002年第4期。

陈良运：《美的考索》，南昌：百花洲文艺出版社，2009年。

陈梦家：《陈梦家学术论文集》，北京：中华书局，2016年。

陈梦家：《殷虚卜辞综述》，北京：中华书局，1988年。

陈梦家：《中国文字学》，北京：中华书局，2006年。

陈敏：《双髻、蛾眉与成人："美"字字形演变与本义新考》，《文学评论》2023年第4期。

陈桐生：《〈国语〉的性质和文学价值》，《文学遗产》2007年第4期。

陈桐生：《〈孔子诗论〉研究》，北京：中华书局，2004年。

陈望衡：《文明前的"文明"：中华史前审美意识研究》，北京：人民出版社，2017年。

陈望衡：《中国古典美学史》，武汉：武汉大学出版社，2007年。

陈望衡：《中国美学史》，北京：人民出版社，2005年。

陈炜湛：《古文字趣谈》，上海：上海古籍出版社，2005年。

陈炜湛：《汉字起源试论》，《中山大学学报》（社会科学版）1978年第1期。

陈星灿：《中国上古史研究的经典之作：徐旭生与他的〈中国古史的传说时代〉》，徐旭生：《中国古史的传说时代》，北京：商务印书馆，2023年。

邓晓芒：《哲学起步》，北京：商务印书馆，2017年。

丁山：《甲骨文所见氏族及其制度》，北京：中华书局，1988年。

丁山：《中国古代宗教与神话考》，上海：上海书店出版社，2011年。

董作宾：《董作宾先生全集·甲编》，台北：艺文印书馆，1977年。

董作宾：《董作宾先生全集·乙编》，台北：艺文印书馆，1977年。

段勇：《商周青铜器幻想动物纹研究》，上海：上海古籍出版社，2012年。

方稚松：《殷墟人头骨刻辞再研究》，《甲骨文与殷商史》（新九辑），上海：上海古籍出版社，2019年。

冯时：《器以载道》，《读书》2020年第4期。

冯友兰：《中国哲学简史》，涂又光译，北京：中华书局，2017年。

弗雷泽：《〈旧约〉中的民俗》，童炜钢译，上海：复旦大学出版社，2010年。

傅斯年：《夷夏东西说》，《傅斯年全集》第3册，台北：联经出版事业公司，1980年。

傅斯年《〈新获卜辞写本〉跋》,《傅斯年全集》第3册,台北:联经出版事业公司,1980年。

傅斯年《性命古训辨证》,《傅斯年全集》第2册,台北:联经出版事业公司,1980年。

高亨:《文史述林》,高亨著,董治安编《高亨著作集林》第9卷,北京:清华大学出版社,2004年。

高华平:《"丑"义探源》,《中国文化研究》2009年春之卷。

高华平:《中国先秦时期的美、丑概念及其关系:兼论出土文献中"美"、"好"二字的几个特殊形体》,《哲学研究》2010年第11期。

高建平:《"美"字探源》,《天津师大学报》1988年第1期。

高明:《论陶符兼谈汉字的起源》,《北京大学学报》(哲学社会科学版)1984年第6期。

格罗塞:《艺术的起源》,蔡慕晖译,北京:商务印书馆,1984年。

葛全胜等:《中国历朝气候变化》,北京:科学出版社,2010年。

宫本一夫:《从神话到历史:神话时代、夏王朝》,吴菲译,桂林:广西师范大学出版社,2014年。

贡布里希:《理想与偶像》,范景中、曹意强、周书田译,上海:上海人民美术出版社,1989年。

贡布里希:《秩序感》,杨思梁等译,南宁:广西美术出版社,2014年。

古风:《中国古代原初审美观念新探》,《学术月刊》2008年第5期。

顾颉刚:《〈诗经〉在春秋战国间的地位》,顾颉刚编著《古史辨》第3册,上海:上海古籍出版社,1982年。

顾颉刚：《顾颉刚读书笔记》，《顾颉刚全集》第 17 册，北京：中华书局，2010 年。

顾颉刚：《讨论古史答刘、胡二先生》，顾颉刚编著《古史辨》第 1 册，上海：上海古籍出版社，1982 年。

顾颉刚：《〈周易〉卦爻辞中的故事》，顾颉刚编著《古史辨》第 3 册，上海：上海古籍出版社，1982 年。

顾颉刚：《纣恶七十事的发生次第》，顾颉刚编著《古史辨》第 2 册，上海：上海古籍出版社，1982 年。

顾廷龙：《顾廷龙文集》，上海：上海科学技术文献出版社，2002 年。

关锋：《求学集》，上海：上海人民出版社，1962 年。

郭沫若：《卜辞通纂》，郭沫若著作编辑出版委员会编《郭沫若全集·考古编》第 2 卷，北京：科学出版社，1982 年。

郭沫若：《古代文字之辩证的发展》，《考古》1972 年第 3 期。

郭沫若：《甲骨文字研究》，郭沫若著作编辑出版委员会编《郭沫若全集·考古编》第 1 卷，北京：科学出版社，1982 年。

郭沫若：《立春前夜话撒豆》，中国郭沫若研究学会、《郭沫若研究》编辑部编《郭沫若研究》（第 12 辑），北京：文化艺术出版社，1998 年。

郭沫若：《奴隶制时代》，郭沫若著作编辑出版委员会编《郭沫若全集·历史编》第 3 卷，北京：人民出版社，1984 年。

郭沫若：《青铜时代》，郭沫若著作编辑出版委员会编《郭沫若全集·历史编》第 1 卷，北京：人民出版社，1982 年。

郭沫若主编，胡厚宣总编辑《甲骨文合集》，北京：中华书局，1978—1982 年。

韩鼎：《饕餮纹多变性研究》，《中原文物》2011 年第 1 期。

韩鼎：《早期艺术研究中的文献使用问题》，《形象史学研究》2016 年第 1 期。

杭春晓：《商周青铜器之饕餮纹研究》，北京：文化艺术出版社，2009 年。

何浩：《颛顼传说中的神话与史实》，《历史研究》1992 年第 3 期。

何金松：《汉字形义考源》，武汉：武汉出版社，1995 年。

何新：《诸神的起源》，北京：北京工业大学出版社，2007 年。

河南大学历史文化学院编《孙作云百年诞辰纪念文集》，郑州：河南大学出版社，2013 年。

河南省文化局文物工作队编著《郑州二里冈》，北京：科学出版社，1959 年。

贺刚：《论中国古代的饕餮与人牲》，《东南文化》2002 年第 7 期。

侯占虎：《对"音近义通"说的反思：近年来汉语词源学研究趋势管窥》，《古籍整理研究学刊》2002 年第 4 期。

胡厚宣：《中国奴隶社会的人殉和人祭》（下篇），《文物》1974 年第 8 期。

胡厚宣：《中国奴隶社会最高统治者的称号问题》，尹达等主编《纪念顾颉刚学术论文集》，成都：巴蜀书社，1990 年。

胡厚宣主编《甲骨文合集释文》，北京：中国社会科学出版社，1999 年。

胡适：《论帝天及九鼎书》，顾颉刚编著《古史辨》第 1 册，上海：上海古籍出版社，1982 年。

胡适：《中国哲学史大纲》，北京：商务印书馆，2011 年。

黄德宽：《殷墟甲骨文之前的商代文字》，《中国文字学报》编辑部编《中国文字学报》（第 1 辑），北京：商务印书馆，2006 年。

黄厚明：《商周青铜器纹样的图式与功能：以饕餮纹为中心》，北京：方志出版社，2014 年。

黄怀信：《上海博物馆藏战国楚竹书〈诗论〉解义》，北京：社会科学文献出版社，2004 年。

黄侃述，黄焯编《文字声韵训诂笔记》，上海：上海古籍出版社，1983 年。

黄天树：《甲骨文中有关猎首风俗的记载》，《中国文化研究》2005 年夏之卷。

黄兴涛：《"美学"译名再考：花之安与西方美学概念在华早期传播》，《文艺研究》2024 年第 10 期。

黄杨：《巫、舞、美三位一体新证》，《北京舞蹈学院学报》2009 年第 3 期。

黄玉顺：《绝地天通：从生活感悟到形上建构》，《湖南社会科学》2005 年第 2 期。

黄玉顺：《绝地天通：天地人神的原始本真关系的蜕变》，《哲学动态》2005 年第 5 期。

黄玉顺：《由善而美：中国美学意识的萌芽——汉字"美"的字源学考察》，《江海学刊》2022 年第 5 期。

黄展岳：《中国古代的人牲人殉》，北京：文物出版社，1990 年。

霍然：《先秦美学思潮》，北京：人民出版社，2006 年。

吉成名：《"龙生九子不成龙"一说的由来》，《东南文化》2004 年第 4 期。

季旭昇：《说文新证》，台北：艺文印书馆，2014 年。

江西省博物馆、江西省文物考古研究所、新干县博物馆：《新干商代大墓》，北京：文物出版社，1997 年。

今道友信：《关于美》，鲍显阳、王永丽译，哈尔滨：黑龙江人民出版社，1983 年。

金祥恒：《释赤与幽》，台湾大学文学院古文字学研究室编《中国文字》合订本第 2 卷，台北：台湾大学，1961 年。

康殷：《文字源流浅说》，北京：荣宝斋，1979 年。

克劳德·列维-斯特劳斯：《结构人类学：巫术·宗教·艺术·神话》，陆晓禾、黄锡光等译，北京：文化艺术出版社，1989 年。

克利福德·格尔茨：《文化的解释》，韩莉译，南京：译林出版社，1999 年。

匡亚明：《孔子评传》，南京：南京大学出版社，1990 年。

李济：《殷墟铜器研究》，李济著，张光直主编《李济文集》卷四，上海：上海人民出版社，2006 年。

李济：《中国文明的开始》，南京：江苏教育出版社，2005 年。

李稼蓬：《美与羊：一个值得商榷的问题》，《江淮论坛》1962 年第 2 期。

李零：《帝系、族姓的历史还原：读徐旭生〈中国古史的传说时代〉》，《文史》2017 年第 3 辑。

李零：《入山与出塞》，北京：文物出版社，2004 年。

李零：《丧家狗：我读〈论语〉》，太原：山西人民出版社，2007 年。

李零：《谁是仓颉？关于汉字起源问题的讨论》（上），《东方早报》2016 年 1 月 17 日 A06 版、A07 版。

李零：《说龙，兼及饕餮纹》，《中国国家博物馆馆刊》2017 年第 3 期。

李零：《万变：李零考古艺术史文集》，北京：生活·读书·新知三联书店，2016 年。

李零：《中国方术考》（典藏本），北京：中华书局，2019 年。

李零：《中国方术续考》，北京：中华书局，2006 年。

李明晓：《"饿鬼"考源》，《古汉语研究》2006 年第 4 期。

李庆本：《"美学"译名考》，《文学评论》2022 年第 6 期。

李庆本：《"美学"译名释》，《文学评论》2025 年第 1 期。

李树浪：《试论商周青铜器侧身牛纹》，《考古与文物》2018 年第 2 期。

李先登：《浅析商周青铜器动物纹饰的社会功能：以晚商周初兽面纹为例》，《中原文物》2009 年第 5 期。

李小光：《"绝地天通"：论中国古代宗教多神性格之源》，《宗教学研究》2008 年第 4 期。

李孝定：《甲骨文字集释》，台北："中研院"历史语言研究所，1970 年。

李孝定：《金文诂林读后记》，台北："中研院"历史语言研究所，1982 年。

李学勤：《〈古韵通晓〉简评》，《中国社会科学》1991 年第 3 期。

李学勤：《〈诗论〉说〈关雎〉等七篇释义》，《齐鲁学刊》2002 年第 2 期。

李学勤：《良渚文化玉器与饕餮纹的演变》，《东南文化》1991 年第 5 期。

李学勤：《试论虎食人卣》，四川大学博物馆、中国古代铜鼓研究学会编《南方民族考古（第一辑）》，成都：四川大学出版社，1987 年。

李学勤主编，王宇信等著《中国古代文明与国家形成研究》，北京：中国社会科学出版社，1997 年。

李学勤主编《字源》，天津：天津古籍出版社，沈阳：辽宁人民出版社，2012 年。

李泽厚、刘纲纪：《中国美学史：先秦两汉编》，合肥：安徽文艺出版社，1999 年。

李泽厚：《华夏美学·美学四讲》（增订本），北京：生活·读书·新知三联书店，2008 年。

李泽厚：《论语今读》，北京：生活·读书·新知三联书店，2008 年。

李泽厚：《美的历程》，北京：生活·读书·新知三联书店，2009 年。

李泽厚：《说巫史传统》，上海：上海译文出版社，2012 年。

李壮鹰：《滋味说探源》，《北京师范大学学报》（社会科学版）1997 年第 2 期。

笠原仲二：《古代中国人的美意识》，杨若薇译，北京：生活·读书·新知三联书店，1988 年。

梁漱溟、艾恺：《这个世界会好吗？梁漱溟晚年口述》（增订本），北京：生活·读书·新知三联书店，2015 年。

梁漱溟：《东西文化及其哲学》，北京：商务印书馆，2005 年。

林河：《"马酱"之谜：兼论建立中国的文化考古学》，《东南文化》1993 年第 5 期。

林巳奈夫：《神与兽的纹样学：中国古代诸神》，常耀华等译，北京：生活·读书·新知三联书店，2016 年。

林巳奈夫：《所谓饕餮纹表现的是什么：根据同时代资料之论证》，樋口隆康主编《日本考古学研究者·中国考古学研究论文集》，蔡凤书译，东京：东方书店，1990 年。

林义光：《文源》，上海：中西书局，2012 年。

刘成纪：《从"美"字释义看中国社会早期的审美观念》，《郑州大学学报》（哲学社会科学版）2014 年第 3 期。

刘成纪：《历史原境与文化遗产的价值给予》，《中国非物质文化遗产》2020 年第 2 期。

刘成纪：《西周礼仪美学的物体系》，《文艺研究》2013 年第 1 期。

刘成纪：《先秦两汉艺术观念史》，北京：人民出版社，2017 年。

刘成纪：《殷周青铜之变与金文意义之诞生》，《中国书法》2023 年第 7 期。

刘成纪：《中国美学史应该从何处写起》，《文艺争鸣》2013 年第 1 期。

刘成纪：《中华美学精神在中国文化中的位置》，《文学评论》2016 年第 3 期。

刘敦愿：《刘敦愿文集》，北京：科学出版社，2012 年。

刘敦愿：《云梦泽与商周之际的民族迁徙》，《江汉考古》1985 年第 2 期。

刘敦愿：《中国古俗所见关于虎的崇拜》，《民俗研究》1986 年第 1 期。

刘复：《"帝"与"天"》，顾颉刚编著《古史辨》第 2 册，上海：上海古籍出版社，1982 年。

刘旭光：《"美"的字源学研究批判：兼论中国古典美学研究的方法论选择》，《学术月刊》2013 年第 9 期。

刘再生：《孔子的〈大武〉观》，《音乐研究》1990 年第 3 期。

刘钊：《"小臣墙刻辞"新释》，《复旦学报》（社会科学版）2009

年第 1 期。

刘钊：《古文字构形学》，福州：福建人民出版社，2011 年。

刘钊主编《新甲骨文编》（增订本），福州：福建人民出版社，2014 年。

刘振峰、张彦杰：《羊火为美：中国古代审美意识探源》，《文艺争鸣》2010 年第 4 期。

罗森：《中国古代的艺术与文化》，孙心菲等译，北京：北京大学出版社，2002 年。

罗运环：《楚国八百年》，武汉：武汉大学出版社，1992 年。

罗振玉：《罗雪堂先生全集·三集》，台北：台湾大通书局，1989 年。

罗振玉考释，商承祚类次《殷虚文字类编》，台北：文史哲出版社，1979 年。

雒有仓：《商周青铜器族徽文字综合研究》，合肥：黄山书社，2017 年。

马伯乐：《书经中的神话》，冯沅君译，北京：国立北平研究院史学研究会，1939 年。

马承源：《商周青铜器纹饰综述》，上海博物馆青铜器研究组编《商周青铜器文饰》，北京：文物出版社，1984 年。

马承源主编《上海博物馆藏战国楚竹书（二）》，上海：上海古籍出版社，2002 年。

马承源主编《上海博物馆藏战国楚竹书（五）》，上海：上海古籍出版社，2005 年。

马承源主编《中国青铜器》（修订本），上海：上海古籍出版社，2003 年。

马叙伦：《说文解字六书疏证》，上海：上海书店，1985 年。

马正平：《近百年来"美"字本义研究透视》，《哲学动态》2009 年第 12 期。

蒙文通：《古史甄微》，《蒙文通文集》第 5 卷，成都：巴蜀书社，1987 年。

敏泽：《中国美学思想史》，济南：齐鲁书社，1987 年。

缪哲：《罗越与中国青铜器研究》，《读书》2010 年第 11 期。

倪祥保：《论甲骨文"美"与中国人原初审美观念》，《社会科学战线》2010 年第 6 期。

倪祥保：《论中国人原初美意识的起源：兼与陈良运先生商榷》，《文艺研究》2005 年第 2 期。

聂甘霖：《浅析商周青铜器上的动物纹样：兼评张光直先生的"萨满通灵说"》，《北方文物》2003 年第 1 期。

彭明瀚：《关于新干商墓虎形象的几个问题》，《南方文物》1993 年第 2 期。

祁志祥：《以"味"为"美"：中国古代关于美本质的哲学界定》，《学术月刊》2002 年第 1 期。

祁志祥：《中国美学通史》，北京：人民出版社，2008 年。

钱茀：《日本傩史梗概》，《民族艺术》1994 年第 4 期。

钱穆：《国史大纲》，北京：商务印书馆，2015 年。

钱穆：《孔子传》，北京：生活·读书·新知三联书店，2012 年。

乔燕冰：《陈望衡两卷本〈文明前的"文明"：中华史前审美意识研究〉问世，揭示——审美意识是史前人类诸多意识的摇篮》，《中国艺术报》（副刊）2018 年 5 月 16 日第 8 版。

邱诗萤、郭静云：《商国、虎国和三星堆文化"神目"形象的来源流变》，《民族艺术》2022 年第 4 期。

邱诗萤、郭静云：《饕餮神目与华南虎崇拜：饕餮神目形象意义及来源》，《民族艺术》2021 年第 1 期。

裘锡圭：《汉字的起源和演变》，《裘锡圭学术文集》第 4 卷，上海：复旦大学出版社，2012 年。

裘锡圭：《汉字形成问题的初步探索》，《裘锡圭学术文集》第 4 卷，上海：复旦大学出版社，2012 年。

裘锡圭：《说字小记》，《裘锡圭学术文集》第 3 卷，上海：复旦大学出版社，2012 年。

裘锡圭：《文字学概要》（修订本），北京：商务印书馆，2013 年。

裘锡圭：《再谈古文字中的"去"字》，《裘锡圭学术文集》第 4 卷，上海：复旦大学出版社，2012 年。

容庚、张维持：《殷周青铜器通论》，北京：文物出版社，1984 年。

商承祚：《甲骨文字研究》，商志䬃校订，天津：天津古籍出版社，2008 年。

商承祚：《说文中之古文考》，上海：上海古籍出版社，1983 年。

商承祚：《殷契佚存》，南京：金陵大学中国文化研究所，1933 年。

上海博物馆青铜器研究组编《商周青铜器文饰》，北京：文物出版社，1984 年。

佘正松、周晓琳主编《〈诗经〉的接受与影响》，上海：上海古籍出版社，2006 年。

沈从文：《中国古代服饰研究》，《沈从文全集》第 32 卷，太原：北岳文艺出版社，2002 年。

施爱东：《中国龙的发明：近现代中国形象的域外变迁》，北京：九州出版社，2024 年。

施昌东：《先秦诸子美学思想述评》，北京：中华书局，1979 年。

施劲松：《论带虎食人母题的商周青铜器》，《考古》1998 年第 3 期。

施昕更：《良渚：杭县第二区黑陶文化遗址初步报告》，杭州：浙江省教育厅，1938 年。

石志廉：《谈谈龙虎尊的几个问题》，《文物》1972 年第 11 期。

睡虎地秦墓竹简整理小组编《睡虎地秦墓竹简》，北京：文物出版社，1990 年。

苏秉琦：《中国文明起源新探》，北京：生活·读书·新知三联书店，1999 年。

孙党伯、袁謇正主编《闻一多全集》，武汉：湖北人民出版社，1993 年。

孙机：《说爵》，《文物》2019 年第 5 期。

孙机：《中国古代物质文化》，北京：中华书局，2014 年。

孙作云：《孙作云文集》，开封：河南大学出版社，2003 年。

谭世宝：《苍颉造字传说的源流考辨及其真相推测》，《文史哲》2006 年第 6 期。

唐兰：《从大汶口文化的陶器文字看我国最早文化的年代》，《唐兰全集》第 4 册，上海：上海古籍出版社，2015 年。

唐兰：《殷虚文字记》，《唐兰全集》第 6 册，上海：上海古籍出版社，2015 年。

唐兰：《再论大汶口文化的社会性质和大汶口陶器文字：兼答彭邦炯同志》，《唐兰全集》第 4 册，上海：上海古籍出版社，2015 年。

唐兰：《中国有六千多年的文明史：论大汶口文化是少昊文化》，《唐兰全集》第 4 册，上海：上海古籍出版社，2015 年。

唐晓峰：《商代外服与"地方"权力》，《江汉论坛》2006 年第 1 期。

田丰：《"绝地天通"与"天人之际"》，江畅主编《文化发展论丛（中国卷）2015》，北京：社会科学文献出版社，2016 年。

樋口清之：《日本日常风俗之谜》，范闽仙、邱岭译，上海：上海译文出版社，1997 年。

汪宁生：《从原始记事到文字发明》，《考古学报》1981 年第 1 期。

王国维：《观堂集林》，谢维扬、房鑫亮主编《王国维全集》第 8 卷，杭州：浙江教育出版社，2009 年。

王晖、黄春长：《商末黄河中游气候环境的变化与社会变迁》，《史学月刊》2002 年第 1 期。

王辉：《殷人火祭说》，《四川大学学报》编辑部、四川大学古文字研究室：《古文字研究论文集》（第十辑），成都：四川人民出版社，1982 年。

王力：《王力文集》第十九卷，济南：山东教育出版社，1990 年。

王力主编《古代汉语》（典藏本），北京：中华书局，2016 年。

王平、顾彬：《甲骨文与殷商人祭》，郑州：大象出版社，2007 年。

王确：《汉字的力量：作为学科命名的"美学"概念的跨际旅行》，《文学评论》2020 年第 4 期。

王献唐：《释每美》，台湾大学文学院古文字学研究室编《中国文字》合订本第 9 卷，台北：台湾大学，1961 年。

王襄：《簠室殷契类纂·正编》，台北：艺文印书馆，1988 年。

王煜：《汉墓"虎食鬼魅"画像试探：兼谈汉代墓前石雕虎形翼兽的起源》，《考古》2010 年第 12 期。

王赠怡：《"美"字原始意义研究文献概述》，《郑州大学学报》

（哲学社会科学版）2014年第3期。

王长丰：《殷周金文族徽研究》，上海：上海古籍出版社，2015年。

王振复：《中国美学的文脉历程》，成都：四川人民出版社，2002年。

王震中：《试论商代"虎食人卣"类铜器题材的含义》，中国文物学会、中国殷商文化学会、中山大学编《商承祚教授百年诞辰纪念文集》，北京：文物出版社，2003年。

王政：《原始巫人戴羽、饰羽与"美"之本义》，《文艺研究》2015年第6期。

魏德胜：《〈睡虎地秦墓竹简〉语法研究》，北京：首都师范大学出版社，2000年。

魏耕原、钟书林：《"美"的原始意义反思》，《咸阳师范学院学报》2003年第5期。

魏建功：《读〈帝与天〉》，顾颉刚编著《古史辨》第2册，上海：上海古籍出版社，1982年。

巫鸿：《一组早期的玉石雕刻》，《美术研究》1979年1期。

巫鸿：《中国古代艺术与建筑中的"纪念碑性"》，李清泉等译，上海：上海人民出版社，2017年。

吴蓉章：《论巫术和原始宗教在艺术起源中的中介作用》，《西南民族学院学报》（哲学社会科学版）1993年第2期。

吴同宾：《翎子》，《文史知识》1999年第4期。

吴伟、杜鹃：《论考古学史上的二里冈与二里岗之争》，"文博中国"微信公众号。

萧兵：《从"羊人为美"到"羊大则美"：为美学讨论提供一些古文字学资料》，《北方论丛》1980年第2期。

萧兵：《中国上古图饰的文化判读：建构饕餮的多面相》，武汉：湖北人民出版社，2011年。

萧兵：《中国上古文物中人与动物的关系：评张光直教授"动物伙伴"之泛萨满理论》，《社会科学》2006年第1期。

徐岱：《来自神学的美学：论美学的知识形态之一》，《文艺理论研究》2001年第1期。

徐复观：《中国人性论史·先秦篇》，北京：九州出版社，2013年。

徐复观：《中国艺术精神》，北京：商务印书馆，2010年。

徐良高：《商周青铜器"人兽母题"纹饰考释》，《考古》1991年第5期。

徐旭生：《中国古史的传说时代》，北京：文物出版社，1985年。

徐中舒：《先秦史十讲》，北京：中华书局，2015年。

徐中舒：《徐中舒论先秦史》，上海：上海科学技术文献出版社，2008年。

徐中舒主编《甲骨文字典》，成都：四川出版集团·四川辞书出版社，2014年。

许宏：《何以中国：公元前2000年的中原图景》，北京：生活·读书·新知三联书店，2014年。

许倬云：《西周史：增补二版》（增订本），北京：生活·读书·新知三联书店，2012年。

杨安伦、程俊：《先秦美学思想史略》，长沙：岳麓书社，1992年。

杨儒宾：《原儒：从帝尧到孔子》，北京：生活·读书·新知三联书店，2023年。

杨树达：《积微居金文说》（增订本），北京：中华书局，1997年。

杨树达：《积微居小学金石论丛》（增订本），北京：中华书局，

1983 年。

杨树达：《积微居小学述林》，北京：中华书局，1983 年。

杨树达：《中国文字学概要；文字形义学》，上海：上海古籍出版社，2006 年。

杨向奎：《中国古代社会与古代思想研究》上册，上海：上海人民出版社，1962 年。

杨晓能：《另一种古史：青铜器纹饰、图形文字与图像铭文的解读》，唐际根、孙亚冰译，北京：生活·读书·新知三联书店，2017 年。

姚孝遂主编《殷墟甲骨刻辞类纂》，北京：中华书局，1989 年。

叶朗：《中国美学史大纲》，上海：上海人民出版社，1985 年。

叶朗主编《现代美学体系》，北京：北京大学出版社，1999 年。

叶林生：《"绝地天通"新考》，《中南民族大学学报》（人文社会科学版）第 5 期。

伊藤道治：《中国古代王朝的形成：以出土资料为主的殷周史研究》，江蓝生译，北京：中华书局，2002 年。

尤学工、封霄：《近百年来历史故事研究的范式转换》，《史学月刊》2024 年第 7 期。

于民：《春秋前审美观念的发展》，北京：中华书局，1984 年。

于民：《中国美学思想史》，上海：复旦大学出版社，2010 年。

于省吾：《关于古文字研究的若干问题》，《文物》1973 年第 2 期。

于省吾：《甲骨文字释林》，北京：中华书局，1979 年。

于省吾：《释羌、苟、敬、美》，《吉林大学社会科学学报》1963 年第 1 期。

于省吾：《双剑誃殷契骈枝；双剑誃殷契骈枝续编；双剑誃殷契骈枝三编》，北京：中华书局，2009 年。

于省吾主编，姚孝遂按语编撰《甲骨文字诂林》，北京：中华书局，1996 年。

余敦康：《中国宗教与中国文化（卷二）宗教·哲学·伦理》，北京：中国社会科学出版社，2005 年。

余英时：《论天人之际：中国古代思想起源试探》，北京：中华书局，2014 年。

俞伟超：《古史的考古学探索》，北京：文物出版社，2002 年。

袁靖：《动物寻古：在生肖中发现中国》，桂林：广西师范大学出版社，2023 年。

臧克和：《从"美"字说到民族文化心态》，《云南民族学院学报》1989 年第 4 期。

臧克和：《汉语文字与审美心理》，上海：学林出版社，1990 年。

张法：《"美"在中国文化中的起源、演进、定型及特点》，《中国人民大学学报》2014 年第 1 期。

张法：《中国美学史》，成都：四川人民出版社，2006 年。

张光直：《考古学专题六讲》（增订本），北京：生活·读书·新知三联书店，2013 年。

张光直：《美术、神话与祭祀》，郭净译，北京：生活·读书·新知三联书店，2013 年。

张光直：《商文明》，张良仁、岳红彬、丁晓雷译，沈阳：辽宁教育出版社，2002 年。

张光直：《中国青铜时代》，北京：生活·读书·新知三联书店，2013 年。

张灏：《幽暗意识与时代探索》，广州：广东人民出版社，2016 年。

张开焱：《甲骨文羽冠"美"字构形意涵及其美学史意义》，《湖北大学学报》（哲学社会科学版）2022 年第 4 期。

张懋镕：《卢方·虎方考》，《文博》1992 年第 2 期。

张树国：《绝地天通：上古社会巫觋政治的隐喻剖析》，《深圳大学学报》（人文社会科学版）2003 年第 2 期。

张婷婷：《殷墟甲骨文"美"字释义》，《交响—西安音乐学院学报》2019 年第 3 期。

张晓刚：《狞厉的美：对青铜纹饰的审美误读》，《新美术》2005 年第 4 期。

章太炎：《国故论衡》，长沙：岳麓书社，2013 年。

赵锡元：《关于殷代的"奴隶"》，《史学集刊》1957 年第 2 期。

赵之昂：《是"狞厉的美"还是雄厚大度？——对李泽厚"狞厉的美"的质疑》，《东岳论丛》2018 年第 11 期。

浙江省文物考古研究所：《反山》，北京：文物出版社，2005 年。

郑红、陈勇：《释美》，《古汉语研究》1994 年第 3 期。

郑岩、王睿编《礼仪中的美术：巫鸿中国古代美术史文编》，郑岩等译，北京：生活·读书·新知三联书店，2005 年。

郑也夫：《文明是副产品》，北京：中信出版社，2015 年。

郑张尚芳：《上古音系》，上海：上海教育出版社，2003 年。

郑振铎：《中国俗文学史》，北京：商务印书馆，2017 年。

中国国家博物馆编《中华文明：〈古代中国陈列〉文物精萃》，北京：中国社会科学出版社，2010 年。

中国科学院考古研究所、陕西省西安半坡博物馆编《西安半坡》，北京：文物出版社，1963 年。

中国社会科学院考古研究所编《殷周金文集成》，北京：中华书局，1984—1994 年。

中国社会科学院考古研究所编著《二里头：1999～2006》，北京：文物出版社，2014年。

中国文字起源学术研讨会秘书组：《中国文字起源学术研讨会综述》，《中国史研究动态》2001年第9期。

周清泉：《文字考古》，成都：四川人民出版社，2002年。

周苏平、张懋镕：《中国古代青铜器纹饰渊源试探》，《文博》1986年第6期。

周膺、何宝康编校《良渚文化与中国早期文化研究：何天行学术文集》，天津：天津社会科学院出版社，2008年。

朱芳圃：《殷周文字释丛》，北京：中华书局，1962年。

朱凤瀚：《商人诸神之权能与其类型》，吴荣曾等：《尽心集：张政烺先生八十庆寿论文集》，北京：中国社会科学出版社，1996年。

朱光潜：《谈美书简》，《朱光潜全集》（新编增订本）第15册，北京：中华书局，2013年。

朱立元：《接受美学》，上海：上海人民出版社，1989年。

朱立元主编《美学大辞典》（修订本），上海：上海辞书出版社，2014年。

朱乃诚：《殷墟妇好墓出土玉琮研究》，《文物》2017年第9期。

朱天顺：《中国古代宗教初探》，上海：上海人民出版社，1982年。

朱志荣、邵君秋：《商代青铜器纹饰的审美特征》，《安徽师范大学学报》（人文社会科学版）2003年第1期。

朱志荣主编，朱志荣、朱媛著《中国审美意识通史·史前卷》，北京：人民出版社，2017年。

朱志荣：《论中华美学的尚象精神》，《文学评论》2016年第3期。

朱志荣：《审美意识历史变迁的基本特征》，《学术月刊》2001年第 12 期。

朱志荣：《夏商周美学思想研究》，北京：人民出版社，2009 年。

朱志荣：《中国美学的"天人合一"观》，《西北师大学报》（社会科学版）2005 年第 2 期。

朱志荣主编，朱志荣著《中国审美意识通史·夏商周卷》，北京：人民出版社，2017 年。

朱自清：《经典常谈》，北京：生活·读书·新知三联书店，2008 年。

子舆编著《京剧老照片·第 2 辑》，北京：学苑出版社，2014 年。

宗白华：《美学散步》，上海：上海人民出版社，1981 年。

图书在版编目（CIP）数据

天地有文：美学史视野下的先秦文化考释／肖琦著.
北京：社会科学文献出版社，2025.6. --（中国地方社
会科学院学术精品文库）. -- ISBN 978-7-5228-5514-1

Ⅰ.B83-092

中国国家版本馆 CIP 数据核字第 2025XS8926 号

中国地方社会科学院学术精品文库·浙江系列

天地有文
——美学史视野下的先秦文化考释

著　　者／肖　琦

出 版 人／冀祥德
责任编辑／张倩郢
责任印制／岳　阳

出　　版／社会科学文献出版社·人文分社（010）59367215
　　　　　地址：北京市北三环中路甲 29 号院华龙大厦　邮编：100029
　　　　　网址：www.ssap.com.cn
发　　行／社会科学文献出版社（010）59367028
印　　装／三河市尚艺印装有限公司

规　　格／开　本：787mm×1092mm　1/16
　　　　　印　张：16　字　数：210 千字
版　　次／2025 年 6 月第 1 版　2025 年 6 月第 1 次印刷
书　　号／ISBN 978-7-5228-5514-1
定　　价／128.00 元

读者服务电话：4008918866